普通高等教育创新型人才培养规划教材

武器传热学

张领科　编著

北京航空航天大学出版社

内容简介

　　"武器传热学"是武器系统工程相关领域专业本科生的一门专业课。本教材分为两大部分:一部分介绍传热学的基本概念、理论和方法;主要内容包括热传导、热对流与对流传热、热传导问题的数值计算方法与热辐射;另一部分介绍传热学理论在武器系统工程中的应用,主要内容包括箭炮发射药传热特性、发射药点火理论及数值模拟与火炮身管受热分析。

　　本书可作为武器系统与工程和武器发射工程专业武器传热学课程的教材,也可作为相关工程技术人员的参考书。

图书在版编目(CIP)数据

武器传热学 / 张领科编著. -- 北京 : 北京航空航
天大学出版社,2019.11
　ISBN 978 - 7 - 5124 - 3125 - 6

Ⅰ.①武… Ⅱ.①张… Ⅲ.①传热学－高等学校－教
材 Ⅳ.①TK124

中国版本图书馆 CIP 数据核字(2019)第 218933 号

版权所有,侵权必究。

武器传热学

张领科　编著

责任编辑　董　瑞

*

北京航空航天大学出版社出版发行

北京市海淀区学院路 37 号(邮编 100191)　http://www.buaapress.com.cn
发行部电话:(010)82317024　传真:(010)82328026
读者信箱:goodtextbook@126.com　邮购电话:(010)82316936
北京九州迅驰传媒文化有限公司印装　各地书店经销

*

开本:787×1 092　1/16　印张:11.75　字数:301 千字
2020 年 3 月第 1 版　2024 年 3 月第 2 次印刷
ISBN 978 - 7 - 5124 - 3125 - 6　定价:39.00 元

若本书有倒页、脱页、缺页等印装质量问题,请与本社发行部联系调换。联系电话:(010)82317024

前　言

　　枪炮武器系统发射过程中涉及许多传热问题,借助传热学知识解决相关的传热学问题对于理解和认识枪炮武器系统发射过程的基本原理有着重要的意义,因此,武器传热学已作为武器系统工程相关专业本科生的一门专业基础课。为此,编者将传热学基础知识和武器发射过程涉及的具体传热学问题有机结合编写了本教材,供武器系统工程等相关专业参考使用。

　　本教材分为两大部分:一部分介绍传热学的基本概念、理论和方法:主要内容包括热传导、热对流与对流传热、热传导问题的数值计算方法与热辐射;另一部分介绍传热学理论在武器系统工程中的应用,主要内容包括箭炮发射药传热特性、发射药点火理论及数值模拟与火炮身管受热分析。

　　本教材编写过程中参阅了国内外众多专家学者的著作、论文,在此向他们表示衷心的感谢! 由于编著者水平有限,书中的缺点和错误敬请读者批评指正。

编　者
2019 年 8 月

目　录

绪　论

传热学是研究由温差引起的热量传递规律的学科。热力学第二定律指出:凡是存在温差的地方,就有热量自发地从高温物体向低温物体传递或从物体的高温部分向低温部分传递。热量传递过程中,物质本身不发生迁移,只是引起热量发生变化。物质释放热量,温度降低;物质吸收热量,温度升高。当发生热传递的物体间或物体的不同部分达到热平衡时,热量传递过程就自动终止。自然界和生产技术领域中温差广泛存在,因此,热量传递是一种极为普遍的物理现象。

传热学不仅在民用工业中有着广泛的应用,如空调、太阳能热水器、冷却塔、冷凝器等,还在国防工业的枪炮武器系统的研究和设计中具有重要的理论意义和实际意义。我们知道,火炮或枪械也是一种热机,而且是一种特殊的热机,它的工作过程是单次的,不能重复循环,所以火炮和枪械的射击过程中进行的是特殊热力过程,该过程伴随着复杂的化学反应、燃烧和传热现象。当射击开始时,首先点火药被点燃,传热过程也就同时开始。炽热的点火药气体以对流、辐射及传导的方式将热量传递给火药,当火药表面层温度升到足够高时火药就开始燃烧,产生大量的高温高压火药气体,火药气体一方面继续由燃烧面向内部传热以保持燃烧继续进行,另一方面,对膛底、弹底及膛壁传递热量。总体来讲,枪炮膛内受热环境的特点主要有:① 高温:1 500～3 000 K;② 高压:100～800 MPa;③ 非稳态:1.0～30 ms;④ 循环冲击:1～3 000 发/min;⑤ 复杂环境:液态、气态、固态多相流动。枪炮传热问题主要包括以下五个方面:

1. 射击过程中身管受热造成的弯曲问题

由于自重及加工使用的原因,火炮身管本身存在着微量弯曲。同时,火炮发射过程中,身管受到高温火药燃气的强瞬态周期性热冲击,膛内温度可高达 1 000 K,经过一段时间的冷却,温度依然很高,身管在温度场的作用下容易发生较大变形,加重身管的弯曲。试验表明,身管弯曲度的大小对弹丸速度方向和射击精度都有一定的影响,例如,大口径的榴弹炮在环境温度为 30～60 ℃时放置 24 h,身管弯曲度约几分到十几分,这将会严重影响射击精度。导致身管在受热情况下弯曲的主要原因是炮钢材料的弹性模量随温度升高而减小,图 0.1 所示为身管材料 30SiMn2MoVA 的弹性模量随温度的变化情况。

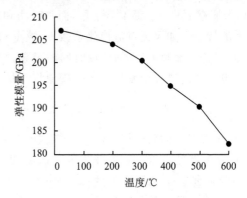

图 0.1　30SiMn2MoVA 弹性模量随温度的变化

2. 身管内膛因烧蚀磨损引起的寿命问题

火炮身管在高温、高压、高速火药气体反复作用下,沿轴向不同位置处的膛壁将受到不同程度的破坏。通常将膛壁金属层在火药气体反复冷热循环和物理化学作用下造成金属性质的变化称为烧蚀;火炮内膛气流的冲刷和弹带、弹体对炮膛的机械作用所造成的几何形状的破坏称为磨损。两种破坏方式综合作用的结果使得全炮膛每个轴向位置上内径均有不同程度的增大，致使弹丸在坡膛定位点前移，内弹道药室容积增大、弹带导转不良，导致射击精度差，初速下降大，甚至出现早炸、瞎火和膛炸事故，严重影响火炮身管的寿命。火炮烧蚀磨损是热-化学-机械共同作用的结果，一般来讲，热-化学作用起主要作用，机械作用次之，主要表现为：① 火药气体的热作用联合物理化学作用使得内膛表面层变脆；② 急速的热-冷循环使表面产生裂纹；③ 火药气体冲刷和弹带挤进坡膛以及与膛线的摩擦作用使炮膛直径不断扩大。

3. 箭炮发射药药温的影响与测量问题

箭炮发射药药温对燃速有着显著的影响，温度越高，燃速越快，引起内弹道压力和初速增大，进而致使初速或然误差增大，导致射弹散布增大，精度变差。为此，准确测量箭炮发射药药温，对初速进行药温修正是提高弹箭射击精度的有效途径。然而，火炮装药结构种类和形式比较多，比如有整装式和分装式，有钢药筒结构和可燃药筒结构，有布袋装药和模块装药，同时，火箭发动机装药结构也比较多，有单一圆柱型药柱、多根圆柱型药柱、星型药柱、翼型药柱等，这都给箭炮发射药药温的计算、测量和表征带来了困难，但归根结底该问题是传热学的问题，采用传热学的非稳态传热理论可以给出较为准确的描述和解释。

4. 枪炮发射药的点火问题

枪炮装药能否正常发挥其性能，除了合理的内弹道设计外，还在很大程度上取决于发射药的点火设计是否合理。发射药的点火是一个复杂的由传热引起强烈化学反应的过程，该过程非常短暂。点火主要分为自动点火和强迫点火两种类型：自动点火指将发射药加热到某个温度时，在停止外界热量输入的情况下发射药自动点燃；强迫点火是指在点火药气体和灼热的固体颗粒作用下，火药颗粒局部先燃烧，释放出热量继而传给下一层火药，使火药继续燃烧。为了清晰描述枪炮发射药的点火过程，以及在不同热源和边界条件下的点火特征，需要基于传热学理论建立相关的点火模型，采用实验和数值计算相结合的方法，对点火过程进行描述和解释。

5. 枪炮身管传热和热散失确定的问题

由内弹道学知识可知，枪炮射击过程是在极短的时间内完成的(几毫秒～十几毫秒)，而且具有高温、高压和高气流速度的特点，膛内气流参数，如火药气体密度 ρ、压力 P、温度 T、流速 v 以及膛壁温度 T_w 都不是常量，而是时间和位置的函数，这就决定了传热过程的不稳定和强度大的特点。如果把对流换热系数 h、膛壁热流密度 q_w、某时间 τ 内火药气体传给膛面的热量 Q_τ 及膛面温度 t_w 都简化成时间的函数，则这些量随时间的变化如图 0.2 所示。

枪炮射击过程中发生的传热现象将直接影响膛内能量转换的规律性，从内弹道基本方程：

$$Sp(l + l_\psi) = f\omega\psi - \frac{k-1}{2}\varphi m v^2 - (k-1)Q_\tau$$

式中，S 为弹丸横截面积，m^2；p 为燃气平均压力，MPa；l 为弹丸行程，m；l_ψ 为药室缩颈径长，m；f 为火药力，J/kg；ω 为装药量，kg；ψ 为火药已燃百分比；k 为比热比；φ 为次要功系数；m 为弹丸重量；v 为弹丸速度；Q_τ 为燃气传给身管壁热量，J。

可知，火药气体传给膛壁(包括弹底和膛底)的热量 Q_τ 随时间变化的大小直接影响了膛压和弹丸运动速度的变化规律，所以传热过程是射击现象的一个重要组成部分。由于膛内传热的复杂性，长期以来对上述方程的传热量都不做具体的定量分析，在一般的内弹道研究中通常都采取增大比热比 k 和减小火药力 f 的方法进行间接修正，以此忽略传热量对内弹道特性的影响。目前,由于内弹道工作者的不断努力和数值传热学的发展,膛内传热现象的规律可以通过联立求解内弹道控制方程与身管壁导热控制方程定量分析。

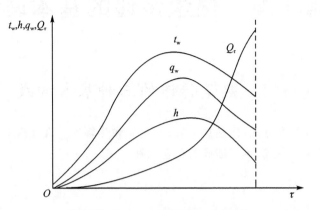

图 0.2　膛内传热现象的变化规律

第1章 热量传递的基本理论

1.1 热量传递的三种基本方式

热量传递有三种基本方式,包括热传导、热对流和热辐射。在实际热量传递过程中,可能包含其中一种或者两种方式,也可能同时包含三种方式。

1.1.1 热传导

热传导是指物体各部分之间不发生相对位移时,依靠分子、原子及电子等微观粒子的热运动而产生的热量传递,简称导热。

大量的实践经验表明,导热现象遵循傅里叶定律,又称基本导热定律。以图 1-1 所示的一维平板导热问题为例,两个表面均维持均匀恒定的温度,温度仅在 x 方向上发生变化。对于 x 法向任意一个厚度为 $\mathrm{d}x$ 的微元层来说,根据傅里叶定律,单位时间内通过该层的导热量与当地的温度变化率 $\mathrm{d}t/\mathrm{d}x$ 及平板面积 A 成正比,即

$$\Phi = -\lambda A \frac{\mathrm{d}t}{\mathrm{d}x} \qquad (1-1)$$

式中,Φ 为热流量,W;λ 为导热系数,W/(m·K);A 为平板面积,m^2;负号表示热量传递方向与温度升高的方向相反,使得热流量 Φ 为正值。

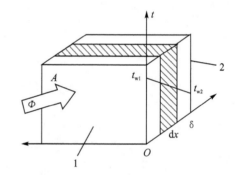

图 1-1 通过平板的一维导热

通过单位面积的热流量称为热流密度,记为 q,单位为 $\mathrm{W/m}^2$。

$$q = \frac{\Phi}{A} = -\lambda \frac{\mathrm{d}t}{\mathrm{d}x} \qquad (1-2)$$

式(1-1)和式(1-2)是一维导热时傅里叶定律的数学表达式。由式(1-2)可见,当 $\mathrm{d}t/\mathrm{d}x>0$ 时,$q<0$,说明此时热量沿 x 减小的方向传递;反之,当 $\mathrm{d}t/\mathrm{d}x<0$ 时,$q>0$,说明此时热量沿 x 增加的方向传递。

例题 1-1 一块厚度 $\delta=50$ mm 的平板,两侧表面分别维持在 $t_{w1}=300$ ℃,$t_{w2}=100$ ℃。试求下列条件下通过单位截面的导热量:(1)材料为铜,$\lambda=375$ W/(m·K);(2)材料为钢,$\lambda=36.4$ W/(m·K);(3)材料为铬砖,$\lambda=2.32$ W/(m·K);(4)材料为硅藻土,$\lambda=0.242$ W/(m·K)。

分析:由题意可知:该问题属于导热系数为常数的一维稳态导热问题。

解:根据式(1-2),在稳态过程中,垂直于 x 轴的任一截面上的导热量都是相等的。将式(1-2)对 x 作 0 到 δ 的积分得

$$q \int_0^\delta \mathrm{d}x = -\lambda \int_{t_{w1}}^{t_{w2}} \frac{\mathrm{d}t}{\mathrm{d}x} \mathrm{d}x$$

$$qx \Big|_0^\delta = -\lambda t \Big|_{t_{w1}}^{t_{w2}}$$

所以
$$q = \frac{-\lambda(t_{w2} - t_{w1})}{\delta} = \frac{\lambda(t_{w1} - t_{w2})}{\delta}$$

从而有

铜：$q = 375 \ \mathrm{W/(m \cdot K)} \times \dfrac{(300 + 273.15)\mathrm{K} - (100 + 273.15)\mathrm{K}}{0.05 \ \mathrm{m}} = 1.50 \times 10^6 \ \mathrm{W/m^2}$

钢：$q = 36.4 \ \mathrm{W/(m \cdot K)} \times \dfrac{(300 + 273.15)\mathrm{K} - (100 + 273.15)\mathrm{K}}{0.05 \mathrm{m}} = 1.46 \times 10^5 \ \mathrm{W/m^2}$

铬砖：$q = 2.32 \ \mathrm{W/(m \cdot K)} \times \dfrac{(300 + 273.15)\mathrm{K} - (100 + 273.15)\mathrm{K}}{0.05 \mathrm{m}} = 9.28 \times 10^3 \ \mathrm{W/m^2}$

硅藻土砖：$q = 0.242 \ \mathrm{W/(m \cdot K)} \times \dfrac{(300 + 273.15)\mathrm{K} - (100 + 273.15)\mathrm{K}}{0.05 \ \mathrm{m}} = 9.68 \times 10^2 \ \mathrm{W/m^2}$

讨论：由计算可见，由于铜与硅藻土砖导热系数的巨大差别，导致在相同的条件下通过铜板的导热量比通过硅藻土砖的导热量约大 3 个数量级。因此，铜是热的良导体，而硅藻土砖则可以起到一定的隔热作用。

1.1.2　热对流

热对流是由于液体、气体中温度不同的各部分之间发生宏观相对运动所引起的热量传递过程。热对流是在流体微团水平进行的热量传递。在热对流传递热量的同时，流体中也存在导热。

如果流体的对流运动是由于外力作用（如泵、风机等）而引起的，则称为强迫对流。如果对流运动是由于流体中的温差所引起的密度不均匀而造成的，则称为自由对流。

工程上经常遇到的是运动的流体和温度不同的固体表面之间的热量传递过程，该过程称为表面对流传热，简称对流传热。显然，对流传热是热对流和导热同时参与的热量传递过程。

对流传热的基本计算公式是牛顿冷却公式（流体被加热时），即

$$q = h(t_w - t_f) \tag{1-3}$$

式中，t_w 及 t_f 分别为壁面温度和流体温度，℃。如果温差记为 Δt，并约定永远取正值，则牛顿冷却公式可表示为

$$q = h \Delta t \tag{1-4}$$

$$\Phi = hA \Delta t \tag{1-5}$$

式中，h 称为表面传热系数，$\mathrm{W/(m^2 \cdot K)}$，表示流体和固体间的对流传热的强烈程度；A 为对流传热面积，$\mathrm{m^2}$。

表面传热系数 h 的大小不仅取决于流体的物性（如 λ、η、ρ、c_p 等）以及换热表面的形状、大小与位置，而且还与流速有密切的关系。式（1-4）或式（1-5）并不是揭示影响表面传热系数的种种复杂因素的具体形式，而仅仅给出了表面传热系数的含义。研究对流传热的基本任务是用理论分析或实验方法具体给出各种场合下 h 的计算关系式。

1.1.3 热辐射

热辐射是传热的一种特殊形式,它无须借助任何组成物质的微粒来传递热量,而是通过电磁波使物体表面原子振动来传递热量。辐射的机制是通过电磁波的发射与吸收辐射能来传递能量,进而改变物体所具有的内能。

实验表明,物体的辐射能力与温度有关,同一温度下不同物体的辐射与吸收本领也大不一样。黑体是研究热辐射理论所提出的一种理想物体,所谓黑体,是指能吸收投入到其表面上的所有热辐射能量的物体,其吸收与辐射能力是同温度物体中最大的。

黑体在单位时间内发出的辐射热量由斯忒藩-玻耳兹曼(Stefan-Boltzmann)定律揭示:

$$\Phi = A\sigma T^4 \tag{1-6}$$

式中,T 为黑体的热力学温度,K;σ 为斯忒藩-玻耳兹曼常数,也称黑体辐射常数,$5.67 \times 10^{-8}\ \text{W}/(\text{m}^2 \cdot \text{K}^4)$;$A$ 为辐射表面积,m^2。

一切实际物体的辐射能力都小于同温度下的黑体,故实际物体辐射热流量的计算可以采用斯忒藩-玻耳兹曼定律的经验修正形式

$$\Phi = \varepsilon A\sigma T^4 \tag{1-7}$$

式中,ε 称为物体表面发射率,也叫黑度,它与物体的种类及表面状态有关,其值总小于1。

应当指出,式(1-6)和式(1-7)中的 Φ 是物体自身向外界辐射的热流量,而不是辐射传热量。要计算辐射传热量还必须考虑投射到物体上的辐射热量的吸收过程,即要计算收、支的总账。一种最简单的辐射传热,即两块非常接近的互相平行的黑体壁面间的辐射传热,可以应用式(1-7)直接求解。另外一种简单的辐射传热形式是,一个表面积为 A_1、表面温度为 T_1、发射率为 ε_1 的物体被包围在一个很大的表面温度为 T_2 的空腔内,此时该物体与空腔表面间的辐射换传量按下式计算:

$$\Phi = \varepsilon_1 A_1 \sigma (T_1^4 - T_2^4) \tag{1-8}$$

例题 1-2 一根水平放置的蒸汽管道,其保温层外径 $d=583\ \text{mm}$,外表面实测平均温度 $t_w=48\ ℃$。空气温度 $t_f=23\ ℃$,此时空气与管道外表面间的自然对流传热的表面传热系数 $h=3.42\ \text{W}/(\text{m}^2 \cdot \text{K})$,保温层外表面的发射率 $\varepsilon=0.9$。试求:(1)此管道的散热必须考虑哪些热量传递方式?(2)计算单位长度管道的总散热量。

分析:由题意可知,此管道的散热有辐射传热和自然对流传热两种方式。自然对流传热量可按式(1-5)计算,管道外表面与周围空气的辐射传热可以按式(1-8)计算。

解:

假设:(1)沿管子长度方向上各给定参数都保持不变;(2)稳态过程;(3)管道周围的其他固体表面温度等于空气温度。

把管道单位长度上的散热量记为 $q_{1,c}$,根据式(1-5),有

$$\begin{aligned}
q_{1,c} &= \pi d \cdot h\Delta t = \pi dh(t_w - t_f) \\
&= 3.14 \times 0.583\ \text{m} \times 3.42\ \text{W}/(\text{m}^2 \cdot \text{K}) \times (48+273)\text{K} - (23+273)\text{K} \\
&= 156.5\ \text{W/m}
\end{aligned}$$

单位长度管子上的辐射换热量为

$$\begin{aligned}
q_{1,r} &= \pi d\sigma\varepsilon(T_1^4 - T_2^4) \\
&= 3.14 \times 0.583\ \text{m} \times 5.67 \times 10^{-8}\ \text{W}/(\text{m}^2 \cdot \text{K}^4) \times 0.9 \times
\end{aligned}$$

$$\left[(48+273)^4\ \text{K}^4 - (23+273)^4\ \text{K}^4\right]$$
$$=274.7\ \text{W/m}$$

则单位长度管道的总散热量为

$$q_1 = q_{1,c} + q_{1,r} = 156.5\ \text{W/m} + 274.7\ \text{W/m} = 431.2\ \text{W/m}$$

讨论：计算结果表明，对于表面温度为几十摄氏度（℃）的一类散热问题，自然对流散热量与辐射散热具有相同的数量级，必须同时予以考虑。

1.2　传热过程与热阻

1.2.1　传热过程

　　工程上经常遇到一种高温流体将热量通过固体壁面传递给壁面另一侧的低温流体的热量传递过程，该过程称为传热过程，如图 1-2 所示。传热过程进行时固体壁面两侧的不同温度的流体不能相互混合。如烧开水时，高温火焰向锅内水的热量传递过程就是传热过程。

　　一般来说，传热过程包括串联着的三个环节：(1)从热流体到壁面高温侧的热量传递；(2)从壁面高温侧到壁面低温侧的热量传递，即穿过固体壁面的导热；(3)从壁面低温侧到冷流体的热量传递。由于是稳态过程，通过串联着的每个环节的热流量 Φ 应该是相同的。

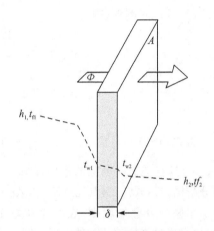

图 1-2　通过平壁的传热过程示意图

　　设平壁面积为 A，如图 1-2 中的符号，可分别写出上述三个环节的热流量的表达式如下：

$$\Phi = A h_1 (t_{f1} - t_{w1})$$

$$\Phi = \frac{A\lambda}{\delta}(t_{w1} - t_{w2})$$

$$\Phi = A h_2 (t_{w2} - t_{f2})$$

将以上三式改写成温差的形式，即

$$t_{f1} - t_{w1} = \frac{\Phi}{A h_1}$$

$$t_{w1} - t_{w2} = \frac{\Phi}{A\lambda/\delta}$$

$$t_{w2} - t_{f2} = \frac{\Phi}{A h_2}$$

将三式相加，消去温度 t_{w1}，t_{w2}，整理后得

$$\Phi = \frac{A(t_{f1} - t_{f2})}{\dfrac{1}{h_1} + \dfrac{\delta}{\lambda} + \dfrac{1}{h_2}} \tag{1-9}$$

也可以表示为

$$\Phi = Ak(t_{f1} - t_{f2}) \tag{1-10}$$

式中，k 称为传热系数，$W/(m^2 \cdot K)$，它等于冷热流体间温差 $\Delta t = 1\ ℃$、传热面积 $A = 1\ m^2$ 时的热流量的值，是表征传热过程强烈程度的标尺。传热过程越强烈，传热系数越大；反之则越小。

1.2.2 传热热阻

由式(1-9)和式(1-10)可得到传热系数 k 的表达式，即

$$k = \cfrac{1}{\cfrac{1}{h_1} + \cfrac{\delta}{\lambda} + \cfrac{1}{h_2}} \tag{1-11}$$

式(1-11)揭示了传热系数是由串联环节的 $1/h_1$、δ/λ 及 $1/h_2$ 之和的倒数构成的。如果对式(1-11)取倒数，则

$$\frac{1}{k} = \frac{1}{h_1} + \frac{\delta}{\lambda} + \frac{1}{h_2} \tag{1-12}$$

或

$$\frac{1}{Ak} = \frac{1}{Ah_1} + \frac{\delta}{A\lambda} + \frac{1}{Ah_2} \tag{1-13}$$

将式(1-10)写成 $\Phi = \dfrac{\Delta t}{1/(Ak)}$ 的形式并与电学中的欧姆定律 $I = \dfrac{U}{R}$ 相比较，不难发现 $1/(Ak)$ 具有类似于电阻的作用，故把 $1/(Ak)$ 称为传热过程热阻。图 1-3 所示是传热过程热阻分析图，$1/(Ah_1)$、$\delta/(A\lambda)$ 及 $1/(Ah_2)$ 分别是各构成环节的热阻。

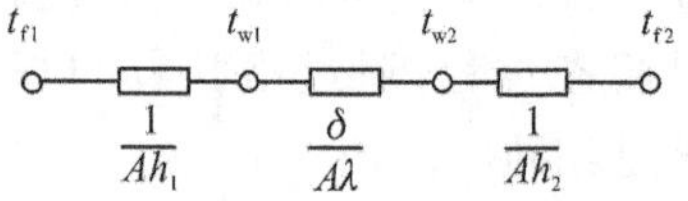

串联热阻叠加原则：在一个串联的热量传递过程中，如果通过各个环节的热流量相同，则各串联环节的总热阻等于各串联环节热阻之和。式(1-13)虽然是通过平壁的传热过程导出的，但对于各环节的热量传递面积不相等的情况，如通过圆筒壁的传热过程，式(1-13)

图 1-3　传热过程的热阻分析

也成立，只要把各环节的热量传递面积代入相应的项中即可。式(1-12)仅适用于通过平壁的传热过程，可以看成是单位面积热阻的关系式。δ/λ 及 $1/h$ 称为面积热阻，其单位为 $m^2 \cdot K/W$。

例题 1-3　对一台氟利昂冷凝器的传热过程作初步测算得到以下数据：管内水的表面传热系数 $h_1 = 8\ 700\ W/(m^2 \cdot K)$，管外氟利昂蒸气凝结换热表面传热系数 $h_2 = 1\ 800\ W/(m^2 \cdot K)$，换热管子壁厚 $\delta = 1.5\ mm$。管子材料是导热系数 $\lambda = 383\ W/(m \cdot K)$ 的铜。试计算三个环节的热阻及冷凝器的传热系数；欲增强传热应从哪几个环节入手？

解：
假设：(1)稳态过程；(2)圆管按厚度等于管子厚壁的平板处理。
三个环节单位面积热阻的计算分别如下：
水侧换热面积热阻：

$$\frac{1}{h_1} = \frac{1}{8\ 700\ W/(m^2 \cdot K)} = 1.15 \times 10^{-4}\ m^2 \cdot K/W$$

管壁导热面积热阻：

$$\frac{\delta}{\lambda} = \frac{1.5 \times 10^{-3}\,\text{m}}{383\,\text{W}/(\text{m} \cdot \text{K})} = 3.92 \times 10^{-6}\,\text{m}^2 \cdot \text{K}/\text{W}$$

氟利昂蒸气凝结面积热阻：

$$\frac{1}{h_2} = \frac{1}{1\,800\,\text{W}/(\text{m}^2 \cdot \text{K})} = 5.56 \times 10^{-4}\,\text{m}^2 \cdot \text{K}/\text{W}$$

于是冷凝器的传热系数为

$$k = \frac{1}{\dfrac{1}{h_1} + \dfrac{\delta}{\lambda} + \dfrac{1}{h_2}}$$

$$= \frac{1}{1.15 \times 10^{-4}\,\text{m}^2 \cdot \text{K}/\text{W} + 3.92 \times 10^{-6}\,\text{m}^2 \cdot \text{K}/\text{W} + 5.56 \times 10^{-4}\,\text{m}^2 \cdot \text{K}/\text{W}}$$

$$= 1\,480\,\text{W}/(\text{m}^2 \cdot \text{K})$$

讨论：水侧、管壁导热和氟利昂蒸气侧的面积热阻分别占总热阻的 17.0%、0.6% 和 82.4%。氟利昂蒸气侧的热阻在总热阻中占主要地位，它具有改变总热阻的最大潜力。因此，要增强冷凝器的传热，应先从这一环节入手，并设法降低这一环节的热阻值。

1.3　传热学的研究方法

传热是一种十分复杂的物理现象，传热问题类型多样，规律各异。因此，研究传热问题时必须注意运用正确的方法，这样才能抓住问题的关键，有利于解决问题。

1.3.1　传热问题的研究方法

传热问题的研究方法可以分为两大类：理论研究方法和实验研究方法。理论研究方法又可以分为数学分析法、积分近似法、比拟（类比）法和数值计算法。

1. 数学分析法

在充分认识传热现象的基础上，根据基本的传热学定律，建立合理的描述传热问题的数学模型，这样的模型通常以微分方程（组）及其相应的定解条件的形式出现。通过求解数学模型，得到传热问题的解。这种方法对传热问题本身提出了很多严格的条件，对于复杂的实际传热问题，数学描述和求解都很困难。因此，这种方法只能解决一些相对简单的传热问题。

2. 积分近似法

微分方程经常得到积分方程，根据实际传热问题的特点，寻找求解积分方程的补充条件，代入积分方程，近似求解。由于寻找的补充条件有一定的近似性，因此这种求解方法为近似求解，但求解结果有足够的准确性。

3. 比拟（类比）法

热量传递和动量传递具有类似的传递机制。因此，可先求出热量传递和动量传递的关系，借助于已研究成熟的动量传递结果，模拟求解对流传热问题，如雷诺比拟、普朗克比拟。电量传递和热量传递也具有类似的传递机制，因此可以用电阻网络模拟导热的热阻网络。

4. 数值计算法

数值计算法即把描述传热问题的微分方程（组）或积分方程（组）通过数学手段改写成计算

机可以计算的代数方程(组),通过适当的算法用计算机计算出足够精确的结果。近二三十年来,随着计算机技术及相应算法技术的发展,这种研究传热问题的新方法得到了越来越广泛的运用和重视。但是数值计算结果的精确性受到了对传热问题的描述是否全面、准确以及其他多方面因素的制约。因而,不能因为计算工具的发展而忽视对传热问题本身的研究。

5. 实验研究

目前,实验研究仍是研究传热问题的主要方法。实验研究所得到的经验定律是一切理论研究方法的基础,同时,实验研究是验证理论研究方法所得结果是否正确的唯一途径,而且所得的理论研究结果最终目的都是应用于实际问题当中。因此,实验研究是传热学研究的出发点和归宿。

但是,由于传热问题的复杂性,传热学实验研究又必须在一定的实验理论指导下进行,对流传热问题的实验尤其如此。只有这样,在实验室中所进行的有限次数的传热实验才能代表无数次的同类实际传热问题,根据这些有限实验所得的实验结果才能应用于众多的实际传热问题。

1.3.2 传热问题的解题步骤

对于初学者,培养正确的思维方式和选择合理的求解问题的条件对提高分析、解决实际的传热问题的能力十分重要。下面给出的对于一般传热问题的分析求解模式,也即解题思路和步骤,对初学者提高解题能力尤其是求解复杂问题的能力会有很大的帮助。

(1)判断传热问题的种类和性质。即传热问题是简单的导热、对流、辐射传热还是复合传热,是稳态传热还是非稳态传热。

(2)找出合理的隐含条件。很多需要求解的传热问题并不明确说出问题的性质,解决问题的过程中必要的一些条件和参数也没有全部给出。对于一个训练有素的学习者,应该根据问题的特点,找出合理的隐含条件,由已知参数准确求出必要的隐含数据。

(3)画出能准确描述传热过程的示意图,标明研究对象的主要参数、控制容积(或控制表面)、边界状况等条件。

(4)根据问题的特点确定应该采用何种具体的传热量方程及能量平衡方程。还应该注意的是,有些传热问题要应用特殊的求解方法,如假设-验证法、试算法等。

(5)分析和讨论。主要包括从问题的求解结果可以得出什么样的结论、所寻找的隐含条件是否合理、所求解的问题在实际工程中有哪些应用等。

1.4 传热学发展简史

18世纪30年代从英国开始的工业革命促进了生产力的空前发展。生产力的发展为自然科学的发展和成长开辟了广阔的道路。传热学这一门学科就是在这种大背景下发展成长起来的。导热和对流两种基本热量传递方式早为人们所认识,第三种热量传递方式则是在1803年发现红外线后才确认的,它就是热辐射方式。三种方式基本理论的确立则经历了各自独特的历程。

在批判"热素说"确认热是一种运动的过程中,科学史上的两个著名实验起着关键作用。其一是1798年伦福特(B. T. Rumford)钻炮筒大量发热的实验,其二是1799年戴维(H. Davy)将两块冰块摩擦生热化为水的实验,确认热来源于物体本身内部的运动,开辟了探求导热规律的途径。19 世纪初,兰贝特(J. H. Lambert)、毕渥(J. B. Biot)和傅里叶(J. B. J. Fourier)都从固体一维导热的实验研究入手开展了研究。1804 年毕渥根据实验提出了一个公式,认为单位时间通过单位面积的导热热量正比例于两侧表面温差,反比例于壁厚,比例系数是材料的物理性质。这个公式提高了对导热规律的认识,只是粗糙了一点。傅里叶在进行实验研究的同时,十分重视数学工具的运用。他从理论解与实验的对比中不断完善了理论公式,取得了令人瞩目的进展。1807 年他提出了求解偏微分方程的分离变量法和可以将解表示成一系列任意函数的概念,并得到学术界的重视。1812 年法国科学院以"热量传递定律的数学理论及理论结果与精确实验的比较"为题设项竞奖。经过努力,傅里叶于 1822 年发表了他的著名论著"热的解析理论",成功地完成了创建导热理论的任务。他提出的导热定律正确概括了导热实验的结果,现称为傅里叶定律,奠定了导热理论的基础。他从傅里叶定律和能量守恒定律推出的导热微分方程是导热问题正确的数学描写,成为求解大多数工程导热问题的出发点。他所提出的采用无穷级数表示理论解的方法开辟了数学求解的新途径。傅里叶被公认为导热理论的奠基人。在傅里叶之后,导热理论求解的领域不断扩大,雷曼、卡斯劳、耶格尔和亚科布等人的工作值得重视。

流体流动的理论是对流换热理论的必要前提。1823 年纳维(M. Navier)提出的流动方程可适用于不可压缩性流体。此方程 1845 年经斯托克斯改进为纳维—斯托克斯(Navier - Stokes)方程,完成了建立流体流动基本方程的任务。然而,由于方程式的复杂性,只有很少数简单流动能进行求解,发展遇到了困难。这种局面一直等到 1880 年雷诺提出了一个对流动有决定性影响的无量纲物理量群之后才有改观。这个物理量群后被称为雷诺数。在 1880 至 1883 年间雷诺进行了大量实验研究,发现管内流动层流向湍流的转变发生在雷诺数 1 800~2 000,澄清了实验结果之间的混乱,对指导实验研究做出了重大贡献。在 18 世纪,比单纯流动更为复杂的对流换热问题的理论求解进展不大。1881 年洛仑兹(L. Lorentz)自然对流的理论解,1885 年格雷茨(L. Graetz)和 1910 年努谢尔特(W. Nusselt)管内换热的理论解及 1916 年努谢尔特凝结换热理论解分别对对流传热研究做出了贡献。具有突破意义的进展要属 1909 年和 1915 年努谢尔特两篇论文的贡献。他对强制对流和自然对流的基本微分方程及边界条件进行了量纲分析,获得了有关无量纲数之间的原则关系,从而开辟了在无量纲数原则关系正确指导下,通过实验研究求解对流换热问题的一种基本方法,有力地促进了对流换热研究的发展。考虑到量纲分析法在 1914 年才由白金汉(E. Buckingham)提出,相似理论则在 1931 年才由基尔皮切夫等发表,因此努谢尔特的成果有其独创性。努谢尔特于是成为发展对流换热理论的杰出先驱。在微分方程的理论求解上,两个方面的进展发挥了重要作用。其一是普朗特(L. Prandtl)于 1904 年提出的边界层概念。他认为,低黏性流体只有在横向速度梯度很大的区域内才有必要考虑黏性的影响,这个范围主要处在与流体接触的壁面附近,而其外的主流则可以当作无黏性流体处理。这是一个经过深思熟虑、切合实际的论断。在边界层概念的指导下,微分方程得到了合理的简化,有力地推动了理论求解的发展。1921 年波尔豪森(E. Pohl-hausen)在流动边界层概念的启发下又引进了热边界层的概念。1930 年他与施密特(E. Schmidt)及贝克曼(W. Bechmann)合作,成功地求解了竖壁附近空气的自然对流换热。数学家与传热学家合作,发挥各自的长处,成为科学研究史上成功合作的范例。其二是湍流计算模型的发展。1929 年的普朗特比拟,1939 年卡门(T. V. Karman)比拟以及 1947 年马丁纳利

(R. C. Martinelli)的引申记录着早期发展的轨迹。由于湍流问题在应用上的重要性,湍流计算模型的研究随着对湍流机理认识的不断深化而蓬勃发展,逐渐发展成为传热学研究中的一个令人瞩目的热点。它也有力地推动着理论求解向纵深发展。还应该提到,在对流换热理论的近代发展中,麦克亚当(W. H. McAdams)、贝尔特(L. M. K. Boelter)和埃克特(E. R. G. Eckert)先后做出了重要贡献。

在热辐射的早期研究中,认识黑体辐射的重要意义并用人工黑体进行实验研究对于建立热辐射的理论具有重要作用。1889 年,卢默(O. Lummer)等人测得了黑体辐射光谱能量分布的实验数据。19 世纪末,斯蒂藩(J. Stefan)根据实验确立了黑体辐射力正比于它的绝对温度的四次方的规律,后来在理论上被玻耳兹曼(L. Boltzmann)所证实。这个规律被称为斯蒂芬-玻耳兹曼定律。热辐射基础理论研究中的最大挑战在于确定黑体辐射的光谱能量分布。1896 年维恩(W. Wien)通过半理论半经验的方法推导出一个公式,这个公式虽然在短波段与实验比较吻合,但在长波段则与实验显著不符。几年后,瑞利(Lord Rayleigh)从理论上也推导出一个公式,此公式数年后又经过金斯(J. H. Jeans)改进,后人称它为瑞利-金斯公式。这个公式在长波段与实验结果比较吻合,而在短波段则与实验差距很大,而且随着频率的增高,辐射能量将增至无穷大,这显然是十分荒唐的。瑞利-金斯公式在高频部分(紫外部分)遇到了无法克服的困难,简直是理论上的一场灾难,因此被称为"紫外灾难"。"紫外灾难"的出现使人们强烈地意识到,原先以为已经相当完美的经典物理学理论确实存在着问题。问题的解决有赖于观念上新的突破。普朗克(M. Planck)决心找到一个与实验结果相符的新公式。经过艰苦努力,他终于在 1900 年提出了一个公式——普朗克公式。其后的实验证实普朗克公式与实际情况在整个光谱段完全符合。在寻求这个公式的物理解释中,他大胆地提出了与经典物理学的连续性概念根本不同的新假说,这就是能量子假说。能量子假说认为,物体在发出辐射和吸收辐射时,能量不是连续变化的,而是跳跃地变化的,即能量是一份一份地发射和一份地一份接收的,每一份能量都有一定的数值,这些能量单元被称为"量子"。科学发展的道路往往是曲折的。普朗克公式因为缺乏理论依据而在当时不为人们所接受。普朗克本人对他的新假设认识上也有反复。在 1905 年爱因斯坦(A. Einstein)的光量子研究得到公认后,普朗克公式才为人们所接受。按照量子理论确立的普朗克定律正确地揭示了黑体辐射能量光谱分布的规律,奠定了热辐射理论的基础。在物体之间的辐射热量交换方面有两个重要的理论问题。其一是物体的发射率与吸收比之间的关系问题。1859 年和 1860 年基尔霍夫(G. Kirchhoff)的两篇论文提供了解答。虽然他在 1860 年的论文中的证明是针对单色和偏振辐射的,然而它的重要意义正在于对全光谱辐射的推广。其二是物体间辐射换热的计算方法。由于物体之间的辐射换热是一个无穷反射逐次削弱的复杂物理过程,计算方法的研究有其特殊的重要意义。1935 年波略克借鉴商务结算提出的净辐射法,1954 年霍特尔(H. C. Hottel)提出、1967 年又加以改进的交换因子法以及 1956 年奥本亥姆(A. K. Oppenheim)提出的模拟网络法,是三种受到重视的计算方法。他们分别为完善此类复杂问题的计算方法做出了贡献。

除了上述按基本热量传递方式的发展以外,实验研究中引入了测量新技术、计算机、激光技术等新技术,对传热学的发展也发挥了重要作用。还要特别提到的是,由于计算机的迅速发展,用数值方法对传热问题的分析研究取得了重大进展,在 20 世纪 70 年代已经形成一个新兴分支——数值传热学。近年来,数值传热学得到了蓬勃发展,显示出其巨大活力。

从以上发展简史可以看出,传热学已经发展成为一门充满活力的基础学科。它在生产发展的推动下成长。同时,它的建立和发展反过来又促进生产的进步。当前,能源技术、环境技术、材料科学、微电子技术、空间技术等新兴科学技术的发展,向传热学提出了新的课题和新的挑战,因此传热学发展的脚步从未停止过。

习　题

1-1　一炉子的炉墙度为 13 cm,总面积为 20 m²,平均导热系数为 1.04 W/(m·K),内、外壁温分别为 520 ℃及 50 ℃。试计算通过炉墙的热损失。如果所燃用的煤的发热值为 2.09×10^4 kJ/kg,问每天因为热损失要用掉多少千克煤?

1-2　砖墙的表面积为 12 m²,厚 260 mm,平均导热系数为 1.5 W/(m·K),设面向室内的表面温度为 25 ℃,外表面温度为 −5 ℃,试确定此砖墙向外界散失的热量。

1-3　在一次测定空气横向流过单根圆管的对流换热实验中,得到下列数据:管壁平均温度 t_w=69 ℃,空气温度 t_f=20 ℃,管子外径 d=14 mm,加热段长 80 mm,输入加热段的功率为 8.5 W,如果全部热量通过对流换热传给空气,试问此时的对流换热表面传热系数为多大?

1-4　长宽各为 10 mm 的等温集成电路芯片安装在一块地板上,温度为 20 ℃的空气在风扇作用下冷却芯片。芯片最高允许温度为 85 ℃,芯片与冷却气流间的表面传热系数为 175 W/(m²·K)。试确定在不考虑辐射时芯片最大允许功率为多少?注:芯片顶面高出底板的高度为 1 mm。

1-5　宇宙空间可近似地看成为 0 K 的真空空间。航天器在太空中飞行,其外表面平均温度为 250 ℃,表面发射率为 0.7,试计算航天器单位表面上的换热量。

1-6　半径为 0.5 m 的球状航天器在太空中飞行,其表面发射率为 0.8。航天器内电子元件的散热总共为 175 W。假设航天器没有从宇宙空间接受任何辐射能量,试估算其表面的平均温度。

1-7　有一台气体冷却器,气侧表面传热系数 h_1=95 W/(m²·K),壁面厚 δ=2.5 mm, λ=46.5 W/(m·K),水侧表面传热系数 h_2=5 800 W/(m²·K)。设传热壁可以看成平壁,试计算各个环节单位面积的热阻及从气到水的总传热系数。你能否指出,为了强化这一传热过程,应首先从哪一环节着手?

1-8　假设图 1-2 所示壁面两侧分别维持在 20 ℃及 0 ℃,且高温侧受到流体的加热, δ=0.08 m, t_{fl}=100 ℃, h_1=200 W/(m²·K),过程是稳态的,试确定壁面材料的导热系数。

1-9　玻璃窗尺寸为 60 cm×30 cm,厚 4 mm。冬天,室内及室外温度分别为 20 ℃及 −20 ℃,内表面的自然对流换热表面系数为 10 W/(m²·K),外表面强制对流换热表面系数为 50 W/(m²·K)。玻璃的导热系数 λ=0.78 W/(m·K),试确定通过玻璃的热损失。

第 2 章　热传导

2.1　温度场及描述方法

2.1.1　温度场

温度场是指某一瞬间,空间(或物体内)所有各点温度分布的总称。求解导热问题的关键之一就是得到所讨论对象的温度场,由温度场进而可以得到某一点的温度梯度和导热量。温度场是个数量场,可以用一个数量函数来表示。一般说,温度场是空间和时间的函数。在直角坐标系中,温度场可表示为

$$t = f(x, y, z, \tau) \tag{2-1}$$

式中,x, y, z 为空间直角坐标,τ 为时间。

由式(2-1)可见,温度场可以按时间或随空间坐标变化进行分类。如果温度场随时间变化,则为非稳态温度场。式(2-1)是非稳态温度场的一般表达式。如果热状态是稳定的,即温度场内各点的温度不随时间变化,这样的温度场就是稳态温度场,它只是空间坐标的函数,即

$$t = f(x, y, z) \tag{2-2}$$

式(2-2)表示的是随 x, y, z 三个坐标变化的三维稳态温度场。如果稳态温度场仅和两个或一个坐标有关,则称为二维或一维稳态温度场,可以表示为

$$t = f(x, y) \tag{2-3}$$

$$t = f(x) \tag{2-4}$$

同一瞬间温度场中温度相同的点连成的线或面称为等温线或等温面。在三维情况下可以画出物体中的等温面,而等温面上的任何一条线都是等温线。在二维情况下等温面则变为等温线。选择一系列不同且特定的温度值,就可以得到一系列不同的等温线或等温面,它们可以用来表示物体的温度场,如图 2-1 所示。由于同一时刻物体中任一点不可能具有两个温度

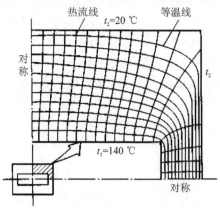

图 2-1　温度场的图示

值,因此不同的等温线或等温面不可能相交。等温线要么形成一个封闭的曲线,要么终止在物体表面上。物体中等温线较密集的地方说明温度的变化率较大,导热热流密度也较大。因此,等温线的疏密可直观地反映出不同区域导热热流密度的相对大小。

2.1.2　温度梯度

温度的变化率沿不同的方向一般是不同的,温度沿某一方向 x 的变化率在数学上可以用该方向上温度对坐标的偏导数来表示,即

$$\frac{\partial t}{\partial x} = \lim_{\Delta x \to 0} \frac{\Delta t}{\Delta x} \qquad (2-5)$$

在各个不同方向的温度变化率中,有一个方向的变化率是最大的,这个方向是等温线或等温面的法线方向。在数学上用矢量-梯度来表示这个方向的变化率,即

$$\mathrm{grad}\, t = \frac{\partial t}{\partial n}\boldsymbol{n} \qquad (2-6)$$

式中:grad t 为温度梯度;$\frac{\partial t}{\partial n}$ 为等温面法线方向的温度变化率;$\boldsymbol{n}$ 为等温面法线方向的单位矢量,指向温度增加的方向。

温度梯度与坐标无关,它是由物体的温度场决定的。当温度场被确定时,场内各点的温度也就相应地被确定了。

温度梯度在直角坐标系中可以表示为三个坐标轴方向的分量之和,即

$$\mathrm{grad}\, t = \frac{\partial t}{\partial x}\boldsymbol{i} + \frac{\partial t}{\partial y}\boldsymbol{j} + \frac{\partial t}{\partial z}\boldsymbol{k} \qquad (2-7)$$

式中,$\boldsymbol{i}$,$\boldsymbol{j}$ 和 $\boldsymbol{k}$ 分别表示为三个坐标轴方向上的单位向量;$\frac{\partial t}{\partial x}$,$\frac{\partial t}{\partial y}$ 和 $\frac{\partial t}{\partial z}$ 分别表示为温度梯度在坐标轴上的投影。

对于一维稳态温度场,温度梯度可表示为

$$\mathrm{grad}\, t = \frac{\mathrm{d}t}{\mathrm{d}x}\boldsymbol{i} \qquad (2-8)$$

当 x 坐标轴方向与温度梯度方向(指温度增加的方向)一致时,$\frac{\mathrm{d}t}{\mathrm{d}x}$ 则为正值;反之,则为负值。

2.2　导热基本定律

2.2.1　导热基本定律

大量实践经验证明,单位时间内通过单位截面积所传导的热量,正比于当地垂直于截面方向上的温度变化率,即

$$\frac{\Phi}{A} \propto \frac{\partial t}{\partial x} \qquad (2-9)$$

此处,x 是垂直 A 的坐标轴。引入比例常数可得

$$\Phi = -\lambda A \frac{\partial t}{\partial x} \qquad (2-10)$$

这就是导热基本定律——傅里叶导热定律的数学表达式。它比式(1-1)的适用范围更广。式中负号表示热量传递的方向指向温度降低的方向,这是满足热力学第二定律所必需的。傅里叶导热定律用文字来表达是:在导热过程中,单位时间内通过给定截面的导热量正比于垂直该截面方向上的温度变化率和截面面积,而热量传递的方向则与温度升高的方向相反。

傅里叶导热定律用热流量密度 q 表示时有下列形式:

$$q = -\lambda \frac{\partial t}{\partial x} \qquad (2-11)$$

式中,$\frac{\partial t}{\partial x}$ 是物体沿 x 方向的温度变化率;q 是沿 x 方向传递的热流量密度(严格地说热流量密度是矢量,所以 q 应是热流量密度矢量在 x 方向上的分量)。当物体温度是三个坐标的函数时,三个坐标方向上的单位矢量与该方向上热流密度分量的乘积合成一个空间热流密度矢量,记为 $\boldsymbol{q}$。傅里叶导热定律的一般形式的数学表达式是对热流密度矢量写出的,其形式为

$$\boldsymbol{q} = -\lambda \operatorname{grad} t = -\lambda \frac{\partial t}{\partial n} \boldsymbol{n} \qquad (2-12)$$

式(2-12)表明,热流密度是一个向量(热流向量),它与温度梯度位于等温面的同一法线上,但方向相反,永远顺着温度降低的方向,如图 2-2(a)所示,该图表示了微元面积 dA 附近的温度分布及垂直于该微元面积的热流密度矢量。在整个物体中,热流密度矢量的走向可以用热流线来表示。热流线是一组与等温线处处垂直的曲线,通过平面上任一点的热流线与该点的热流密度矢量相切。图 2-2(b)中虚线表示热流线,相邻两条热流线之间所传递的热流量处处相等,相当于构成一个热流通道。

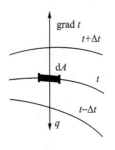 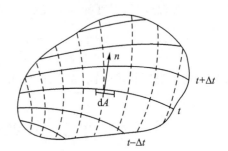

(a) 温度梯度与热流密度矢量　　　　　(b) 等温线(实线)与热流线(虚线)

图 2-2　等温线与热流线

2.2.2　导热系数与导热机理

导热系数的定义是由傅里叶定律的数学表达式给出。由式(2-12)得

$$\lambda = \frac{|\boldsymbol{q}|}{\left|\dfrac{\partial t}{\partial n}\boldsymbol{n}\right|} \qquad\qquad (2-13)$$

数值上,它等于在单位温度梯度作用下物体内热流密度矢量的模。

　　工程计算采用的各种物质的导热系数的数值都是由专门的实验测定出来的。测定导热系数的方法有稳态法与非稳态法两大类,傅里叶导热定律是稳态法测定的基础。

　　从微观角度来看,气体、液体、固体的导热机理是不同的。气体中,导热是气体分子不规则热运动时相互碰撞的结果。气体的温度越高,其分子的运动动能越大。不同能量水平的分子相互碰撞,使热量从高温传到低温。

　　根据气体分子运动理论,常温下气体的导热系数可表示为

$$\lambda = \frac{1}{3}\bar{u}\rho l c_v \qquad\qquad (2-14)$$

式中,$\bar{u}$ 为气体分子运动的均方根速度,m/s;l 为气体分子在两次碰撞间的平均自由程,m;ρ 为气体密度,kg/m^3;c_v 为气体的定容比热,J/(kg·K)。

　　并且,气体的温度正比于气体分子运动的动能,即

$$T \propto \frac{M}{2}\bar{u}^2 \qquad\qquad (2-15)$$

式中,M 为气体分子的分子量。

　　由式(2-14)及式(2-15)可以看出影响气体导热系数的主要因素有以下几点:①气体的分子质量:在相同温度下的不同气体,分子质量小的气体(如 H_2、He)分子运动的均方根速度较大,所以导热系数较大。②气体的温度:气体分子运动的速度及定容比热随着温度的升高而变大,从而导热系数也越大。③气体的压力:一般情况下随着压力的升高,气体的密度增大,平均自由程减小,而两者的乘积保持不变。但在压力很高或很低的情况下将会影响气体的导热系数。需要注意的是,混合气体的导热系数不能用部分求和的方法求得,而只能靠实验测定。

　　固体可以分为纯金属固体、合金和非金属固体。对于纯金属而言,其导热主要依靠内部自由电子的迁移和晶格的振动,前者为主要影响因素,所以一般来说,金属的导热与导电性能一致,往往良导电体为良导热体。因为合金中掺入任何杂质都将会破坏晶格的完整性,干扰自由电子的运动,所以一般来说合金的导热系数比纯金属的导热系数要小。非金属主要依靠晶格的振动传递热量,因此往往其导热系数更小,所以常常选用一些非金属材料作为建筑和隔热保温材料。

　　关于液体的导热机理,还存在着不同的观点。有一种观点认为,定性上类似于气体,只是情况更复杂,因为液体分子间的距离比较近,分子间的作用力对碰撞过程的影响远比气体大。另一种观点则认为液体的导热机理类似于非导电固体,主要靠弹性声波的作用。一般来说,对于绝大多数液体,温度越高,密度越小,导热系数也就越小;而压力越大,导热系数也就越大。典型固体、气体和液体的导热系数随温度的变化情况如图 2-3 所示。

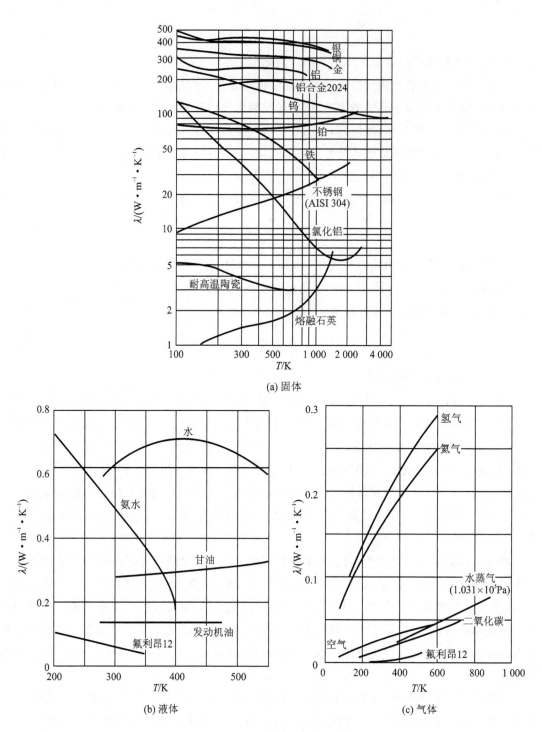

(a) 固体

(b) 液体

(c) 气体

图 2 - 3　温度对导热系数的影响

2.3 导热微分方程及定解条件

为了获得导热物体温度场的数学表达式,必须根据能量守恒定律和傅里叶定律建立物体中的温度场应当满足的变化关系式(称为导热微分方程)。导热微分方程是所有导热物体的温度场都应该满足的通用方程。对于各个具体的问题,还必须规定相应的时间与边界的条件(称为定解条件)。导热微分方程及相应的定解条件构成一个导热问题完整的数学描写。

2.3.1 导热微分方程

如图 2-4 所示,从导热物体中任意取出一个微元平行六面体来做该微元体能量收支平衡分析。设物体中有均匀内热源,其值为 $\dot{\Phi}$,它代表单位时间内单位体积中产生或消耗的热能(产生取正号,消耗为负号),单位是 W/m^3。假定导热物体的热物理性质是温度的函数。

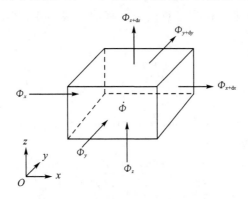

图 2-4 微元体的导热热平衡分析

与空间任一点的热流密度矢量可以分解为三个坐标方向的分量一样,任一方向的热流量也可以分解成 x、y、z 坐标轴方向的分热流量,如图 2-4 中 Φ_x、Φ_y 及 Φ_z 所示。通过 $x=x$,$y=y$,$z=z$ 三个微元表面而导入微元体的热流量可根据傅里叶定律写为

$$\left.\begin{aligned}
\Phi_x &= -\lambda \frac{\partial t}{\partial x} \mathrm{d}y\,\mathrm{d}z \\[4pt]
\Phi_y &= -\lambda \frac{\partial t}{\partial y} \mathrm{d}x\,\mathrm{d}z \\[4pt]
\Phi_z &= -\lambda \frac{\partial t}{\partial z} \mathrm{d}x\,\mathrm{d}y
\end{aligned}\right\} \tag{2-16}$$

式中,Φ_x 表示热流量在 x 方向的分量在 x 点的值,其余类推。通过 $x=x+\mathrm{d}x$,$y=y+\mathrm{d}y$,$z=z+\mathrm{d}z$ 三个表面而导出微元体的热流量亦可按傅里叶定律写出,即

$$\left.\begin{aligned}
\Phi_{x+\mathrm{d}x} &= \Phi_x + \frac{\partial \Phi_x}{\partial x}\mathrm{d}x = \Phi_x + \frac{\partial}{\partial x}\left(-\lambda \frac{\partial t}{\partial x}\mathrm{d}y\,\mathrm{d}z\right)\mathrm{d}x \\[4pt]
\Phi_{y+\mathrm{d}y} &= \Phi_y + \frac{\partial \Phi_y}{\partial y}\mathrm{d}y = \Phi_y + \frac{\partial}{\partial y}\left(-\lambda \frac{\partial t}{\partial y}\mathrm{d}x\,\mathrm{d}z\right)\mathrm{d}y \\[4pt]
\Phi_{z+\mathrm{d}z} &= \Phi_z + \frac{\partial \Phi_z}{\partial z}\mathrm{d}z = \Phi_z + \frac{\partial}{\partial z}\left(-\lambda \frac{\partial t}{\partial z}\mathrm{d}x\,\mathrm{d}y\right)\mathrm{d}z
\end{aligned}\right\} \tag{2-17}$$

对于微元体,按照能量守恒定律,在任一时间间隔内有以下热平衡关系:

导入微元体的总热量＋微元体内热源的生成热

$$\text{＝导出微元体的总热量＋微元体热力学能(内能)的增量} \tag{2-18}$$

式中:

$$\text{微元体热力学能的增量} = \rho c\,\frac{\partial t}{\partial \tau}\mathrm{d}x\,\mathrm{d}y\,\mathrm{d}z \tag{2-19}$$

$$\text{微元体内热能的生成热} = \dot{\Phi}\mathrm{d}x\,\mathrm{d}y\,\mathrm{d}z \tag{2-20}$$

式中,ρ,c,$\dot{\Phi}$ 及 τ 分别为微元体的密度、比热容、单位时间内单位体积中内热源的生成热及时间。

将式(2-16)~式(2-18)及式(2-20)代入式(2-18),经整理得

$$\rho c\,\frac{\partial t}{\partial \tau} = \frac{\partial}{\partial x}\left(\lambda\,\frac{\partial t}{\partial x}\right) + \frac{\partial}{\partial y}\left(\lambda\,\frac{\partial t}{\partial y}\right) + \frac{\partial}{\partial z}\left(\lambda\,\frac{\partial t}{\partial z}\right) + \dot{\Phi} \tag{2-21}$$

这是笛卡儿坐标系中的三维非稳态导热微分方程的一般形式,其中 ρ、c、λ 及 $\dot{\Phi}$ 均可以是变量。对于特殊情况,

(1) 常物性

$$\frac{\partial t}{\partial \tau} = a\left(\frac{\partial^2 t}{\partial x^2} + \frac{\partial^2 t}{\partial y^2} + \frac{\partial^2 t}{\partial z^2}\right) + \frac{\dot{\Phi}}{\rho c} \tag{2-22}$$

式中,$a = \lambda/(\rho c)$ 称为热扩散率或热扩散系数,$\mathrm{m^2/s}$。

(2) 常物性、无内热源

$$\frac{\partial t}{\partial \tau} = a\left(\frac{\partial^2 t}{\partial x^2} + \frac{\partial^2 t}{\partial y^2} + \frac{\partial^2 t}{\partial z^2}\right) \tag{2-23}$$

(3) 常物性、稳态

$$\frac{\partial^2 t}{\partial x^2} + \frac{\partial^2 t}{\partial y^2} + \frac{\partial^2 t}{\partial z^2} + \frac{\dot{\Phi}}{\lambda} = 0 \tag{2-24}$$

(4) 常物性、无内热源、稳态

$$\frac{\partial^2 t}{\partial x^2} + \frac{\partial^2 t}{\partial y^2} + \frac{\partial^2 t}{\partial z^2} = 0 \tag{2-25}$$

对于圆柱坐标系及球坐标系中的导热问题,采用类似的分析方法(见图2-5)亦可导出相应坐标系中的导热微分方程。下面给出这两种坐标系中的一般形式的导热微分方程。

圆柱坐标系(见图2-5(a))

$$\rho c\,\frac{\partial t}{\partial \tau} = \frac{1}{r}\,\frac{\partial}{\partial r}\left(\lambda r\,\frac{\partial t}{\partial r}\right) + \frac{1}{r^2}\,\frac{\partial}{\partial \varphi}\left(\lambda\,\frac{\partial t}{\partial \varphi}\right) + \frac{\partial}{\partial z}\left(\lambda\,\frac{\partial t}{\partial z}\right) + \dot{\Phi} \tag{2-26}$$

球坐标系(见图2-5(b))

$$\rho c\,\frac{\partial t}{\partial \tau} = \frac{1}{r^2}\,\frac{\partial}{\partial r}\left(\lambda r^2\,\frac{\partial t}{\partial r}\right) + \frac{1}{r^2\sin^2\theta}\,\frac{\partial}{\partial \varphi}\left(\lambda\,\frac{\partial t}{\partial \varphi}\right) + \frac{1}{r^2\sin\theta}\,\frac{\partial}{\partial \theta}\left(\lambda\sin\theta\,\frac{\partial t}{\partial \theta}\right) + \dot{\Phi} \tag{2-27}$$

式(2-21)、式(2-26)、式(2-27)都是能量守恒定律应用于导热问题的表现形式。三式中等号左边是单位时间内微元体热力学能的增量(非稳态项),等号右边的前三项之和是通过界面的导热而使微元体在单位时间内增加的能量(扩散项),最后一项是源项。如果在某一坐

标方向上温度不发生变化,该方向的净导热量为零,相应的扩散项即从导热微分方程中消失。例如,对常物性、无内热源的一维稳态导热问题,式(2-21)最终简化成为

$$\frac{\mathrm{d}^2 t}{\mathrm{d}x^2} = 0 \tag{2-28}$$

对于式(2-26)和式(2-27),同样可以做类似式(2-21)的各种简化,即

$$\frac{\mathrm{d}}{\mathrm{d}r}\left(r\,\frac{\mathrm{d}t}{\mathrm{d}r}\right) = 0 \tag{2-29}$$

$$\frac{\mathrm{d}}{\mathrm{d}r}\left(r^2\,\frac{\mathrm{d}t}{\mathrm{d}r}\right) = 0 \tag{2-30}$$

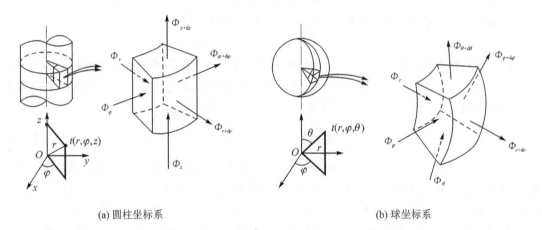

(a) 圆柱坐标系　　　　　　　(b) 球坐标系

图 2-5　圆柱坐标系与球坐标系中的微元体

2.3.2　定解条件

导热微分方程是描写物体的温度随空间坐标及时间变化的一般性关系式,它是在一定的假设条件下根据微元体在导热过程中的能量守恒和傅里叶定律建立起来的,在推导过程中没有涉及导热过程的具体特点,所以它适用于无穷多个导热过程,有无穷多个解。要完整地描写某个具体的导热过程,除了导热微分方程之外,还必须说明给出定解条件,使导热微分方程具有唯一解;定解条件包括时间条件和边界条件。导热微分方程与定解条件共同构成了具体导热过程的数学描述。

时间条件用来说明导热过程进行的时间上的特点,例如稳态导热还是非稳态导热。对于非稳态导热过程,必须给出过程开始时物体内部的温度分布规律,即为非稳态导热过程的初始条件,一般形式为

$$t\,|_{\tau=0} = f(x,y,z) \tag{2-31}$$

如果过程开始时物体内部的温度分布均匀,则初始条件简化为

$$t\,|_{\tau=0} = \mathrm{const}$$

边界条件用来说明导热物体边界上的热状态以及与周围环境之间的相互作用,例如,边界上的温度、热流密度分布以及物体通过边界与周围环境之间的热量传递情况等。边界条件可分为以下三类:

(1) 第一类边界条件。给出物体边界上的温度分布及其随时间的变化规律,如

$$t_w = f(x, y, z, \tau) \tag{2-32}$$

如果在整个导热过程中物体边界上的温度为定值,则式(2-31)简化为

$$t_w = \text{const}$$

(2) 第二类边界条件。给出物体边界上的热流密度分布及其随时间的变化规律,即

$$q_w = f(x, y, z, \tau) \tag{2-33}$$

根据傅里叶定律,式(2-33)可变为

$$-\lambda \left(\frac{\partial t}{\partial n} \right)_w = f(x, y, z, \tau)$$

第二类边界条件给出了边界面法线方向的温度变化率,但边界温度 t_w 未知。

若物体边界处表面绝热,则称为特殊的第二类边界条件,即

$$q_w = 0$$

(3) 第三类边界条件。给出了边界上物体表面与周围流体间的表面传热系数 h 及流体的温度 t_f。根据边界面的热平衡,由物体内部导向边界面的热流密度应该等于从边界面传给周围流体的热流密度,有

$$-\lambda \left(\frac{\partial t}{\partial n} \right)_w = h(t_w - t_f) \tag{2-34}$$

由式(2-34)可以看出,在一定情况下,第三类边界条件将转化为第一类边界条件或第二类边界条件。当 h 非常大时,边界温度近似等于已知的流体温度,$t_w \approx t_f$,这时第三类边界条件转化为第一类边界条件;当 h 非常小时,$h \approx 0$,$q_w \approx 0$,这相当于第二类边界条件。

上述三类边界条件都是与温度呈线性关系,所以也称为线性边界条件。如果导热物体的边界处除了对流换热外,还存在与周围环境之间的辐射换热,则由物体边界面的热平衡可得出这时的边界条件,即

$$-\lambda \left(\frac{\partial t}{\partial n} \right)_w = h(t_w - t_f) + q_r \tag{2-35}$$

式中,q_r 为物体边界表面与周围环境之间的净辐射换热热流密度。q_r 与物体边界面和周围环境温度的四次方有关,此外,还与物体边界面与周围环境的辐射特性有关,所以上式是温度的复杂函数。这种对流换热与辐射换热叠加的复合换热边界条件是非线性的边界条件。

综上所述,对一个具体导热过程完整的数学描述应该包括导热微分方程和定解条件两个方面。在建立数学模型的过程中,应该根据导热过程的特点,进行合理简化,力求能够比较真实地描述所研究的导热问题。对数学模型进行求解,就可以得到物体的温度场,进而根据傅里叶定律就可以确定相应的热流分布。

2.3.3 热扩散率的物理意义

以物体受热升温的情况为例来分析。在物体受热升温的非稳态导热过程中,进入物体的热量沿途不断地被吸收而使当地温度升高,此过程持续到物体内部各点温度全部扯平为止。由热扩散率的定义 $a = \lambda/(\rho c)$ 可知:①分子 λ 是物体的导热系数,λ 越大,在相同的温度梯度下可以传导更多的热量。②分母 ρc 是单位体积的物体温度升高 $1\ ℃$ 时所需的热量,ρc 越小,温度上升 $1\ ℃$ 所吸收的热量越少,可以剩下更多的热量继续向物体内部传递,能使物体内各点的温度更快地随界面温度的升高而升高。热扩散率 a 是 λ 与 $1/(\rho c)$ 两个因子的结合。a 越

大,表示物体内部温度扯平的能力越大,因此有热扩散率的名称。这种物理上的意义还可以从另一个角度来加以说明,即从温度的角度看,a 越大,材料中温度变化传播得越迅速。可见 a 也是材料传播温度变化能力大小的指标,并因此而有导温系数之称。热扩散率在理解非稳态导热问题的特性中具有重要意义。

2.3.4　傅里叶定律及导热微分方程的适用范围

傅里叶导热定律实际上是基于热扰动的传递速度无限大的假定之上的。一般工程技术中发生的非稳态导热问题,热流密度不是很高,过程作用的时间足够长,过程发生的尺度范围也足够大,傅里叶导热定律以及基于该定律而建立起来的导热微分方程是完全适用的。对于下列三种情形,傅里叶导热定律及导热微分方程是不适用的:

(1) 当导热物体的温度接近 0 K(绝对零度)时(温度效应)。

(2) 当过程的作用时间极短,与材料本身固有的时间尺度相接近时(时间效应)。每一种材料都有一个固有的时间尺度,它反映辐射能量与材料微观作用的时间,这个时间尺度称为松弛时间或弛豫时间。一般对金属来说,其值在 $10^{-13} \sim 10^{-12}$ s。极短时间的激光脉冲加工就可能属于这种情形。

(3) 当过程发生的空间尺度极小,与微观粒子的平均自由行程相接近(尺度效应)。例如,对于通过气层的导热,当气层所在空间的尺度与气体分子的平均自由行程接近时,傅里叶定律就不再适用。大量实验证实,通过厚度为纳米级别的薄膜的导热,薄膜的导热系数明显低于常规尺度材料,掌握这种现象的规律对大规模集成电路的制造非常重要。

凡是傅里叶导热定律不适用的导热问题统称为非傅里叶导热,对这类导热问题的研究是近代微米纳米传热学的一个重要内容。

2.4　一维稳态导热

本节介绍几种典型的一维稳态导热问题的分析解法。所谓一维,是指导热物体的温度仅在一个坐标方向发生变化。

2.4.1　通过平壁的稳态导热

本节讲的平壁是指平壁宽度和长度尺寸远大于厚度的一类平壁,即大平壁。这种平壁可以忽略四侧边缘的散热,认为平壁内部温度分布只在厚度方向有所变化,是一维温度场,如锅炉墙壁、冷藏设备的外壁面。

1. 无内热源单层平壁的稳态导热

设无内热源单层平壁如图 2-6 所示。平壁导热系数 λ 为常数,两侧壁面温度恒定不变,分别为 t_1 和 $t_2(t_1 > t_2)$。平壁面积为 A,厚度为 δ。则根据导热微分方程式(2-21)和上述条件(一维稳态),式(2-21)可化简为

$$\frac{\mathrm{d}^2 t}{\mathrm{d}x^2} = 0 \qquad (2-36)$$

边界条件:

$$\left.\begin{array}{l} x = 0, t = t_1 \\ x = \delta, t = t_2 \end{array}\right\} \qquad (2-37)$$

对式(2-36)连续积分两次,得其通解为

$$t = c_1 x + c_2 \qquad (2-38)$$

式中,c_1 和 c_2 为积分常数,由边界条件式可以确定。最后解得温度分布为

$$t = \frac{t_2 - t_1}{\delta} x + t_1 \qquad (2-39)$$

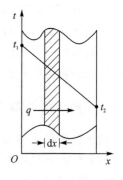

图 2-6　通过平壁导热

由于 δ, t_1, t_2 都是定值,所以温度呈线性分布,即温度分布曲线的斜率是常数:

$$\frac{\mathrm{d}t}{\mathrm{d}x} = \frac{t_2 - t_1}{\delta} \qquad (2-40)$$

解得温度分布后,只要将 $\mathrm{d}t/\mathrm{d}x$(式(2-40))的关系式代入傅里叶定律表达式

$$q = -\lambda \frac{\mathrm{d}t}{\mathrm{d}x}$$

即可得 $q = f(t_1, t_2, \lambda, \delta)$ 的具体表达式:

$$q = \frac{\lambda(t_1 - t_2)}{\delta} = \frac{\lambda}{\delta} \Delta t \qquad (2-41)$$

对于表面积为 A、两侧表面各自维持均匀温度的平板,则有

$$\Phi = A \frac{\lambda}{\delta} \Delta t \qquad (2-42)$$

式(2-41)、式(2-42)是通过平壁导热的计算公式,它揭示了 q, λ, δ 和 Δt 四个物理量间的关系。已知其中三个量,就可以求出第四个量。例如,对于一块给定材料和厚度的平壁,施加已知的热流量密度时,测定了平壁两侧的温度差 Δt 后,就可据此得出实验条件下材料的导热系数:

$$\lambda = \frac{q\delta}{\Delta t} \qquad (2-43)$$

式(2-43)是稳态法测定导热系数的重要依据。

下面对绪论中提到的热阻的概念作进一步论述。应该指出,热量传递是自然界中的一种转移过程,与自然界中的其他转移过程,如电量的转移、动量的转移、质量的转移有类似之处。各种转移过程的共同规律性可归结为

$$过程中的转移量 = \frac{过程的动力}{过程的阻力}$$

在电学中,这种规律性就是欧姆定律,即

$$I = \frac{U}{R}$$

在平壁导热中,与之相对应的表达式可以从式(2-42)中得出,即

$$\Phi = \frac{\Delta t}{\dfrac{\delta}{A\lambda}} = \frac{\Delta t}{R} \qquad (2-44)$$

式中,热流量 Φ 为导热过程的转移量;温压 Δt 为转移过程的动力;分母 $\delta/(A\lambda)$ 为转移过程的阻力,热转移过程的阻力称为热阻。对平壁的单位面积而言,导热热阻为 δ/λ,称为面积热阻,以区别于整个平板的导热热阻 $\delta/(A\lambda)$。以下热阻(按总面积计)及面积热阻(按单位面积计)分别用符号 R 及 R_A 表示。

2. 无内热源多层平壁的稳态导热

所谓多层壁,就是由几层不同材料叠在一起组成的复合壁。例如,采用耐火层、保温砖层和普通砖层叠合而成的锅炉炉墙就是一种多层壁。为讨论方便,下面以图 2-7 所示的一个三层的多层壁作为讨论对象,但讨论的方法与结果并不只限于三层的多层壁,对任意层的多层壁也同样适用。假定层与层之间接触良好,没有引入附加热阻,因此通过层间分界面就不会发生温度降落。已知各层的厚度为 $\delta_1,\delta_2,\delta_3$,各层的导热系数为 $\lambda_1,\lambda_2,\lambda_3$,多层壁内外表面的温度为 t_1 和 t_4,要确定通过这个多层壁的热流密度以及各层平壁的层间温度。

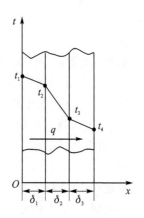

图 2-7 多层平壁导热

这个问题如果采用上面单层壁的求解方法,须先暂时设定 t_2,t_3,对三层平壁分别求解,得出如式(2-41)那样的结果,然后利用界面连续性条件,得出层间温度 t_2,t_3。其实,应用热阻的概念可以很方便地先导出通过多层平壁的导热量计算式,然后再确定 t_2,t_3。具体实施步骤如下。

按式(2-41)可以写出各层的热阻表达式,即

$$\left.\begin{array}{l} \dfrac{t_1-t_2}{q}=\dfrac{\delta_1}{\lambda_1}\\[2mm] \dfrac{t_2-t_3}{q}=\dfrac{\delta_2}{\lambda_2}\\[2mm] \dfrac{t_3-t_4}{q}=\dfrac{\delta_3}{\lambda_3} \end{array}\right\} \qquad (2-45)$$

运用串联过程的总热阻等于其分热阻的总和,即所谓串联热阻叠加原则,把各层热阻叠加就得到多层壁的总热阻,即

$$\frac{t_1-t_4}{q}=\frac{\delta_1}{\lambda_1}+\frac{\delta_2}{\lambda_2}+\frac{\delta_3}{\lambda_3} \qquad (2-46)$$

于是,可导得热流密度计算公式,即

$$q=\frac{t_1-t_4}{\dfrac{\delta_1}{\lambda_1}+\dfrac{\delta_2}{\lambda_2}+\dfrac{\delta_3}{\lambda_3}} \qquad (2-47)$$

以此类推,n 层多层壁的计算公式是

$$q=\frac{t_1-t_{n+1}}{\displaystyle\sum_{i=1}^{n}\frac{\delta_i}{\lambda_i}} \qquad (2-48)$$

解得热流密度后,层间分界面上的未知温度 t_2,t_3 就可以利用式(2-45)求出。例如

$$t_2=t_1-q\frac{\delta_1}{\lambda_1} \qquad (2-49)$$

当导热系数是温度的线性函数，即 $\lambda = \lambda_0(1+bt)$ 时，只要取计算区域平均温度下的 $\bar{\lambda}$ 值代入按 λ 等于常数时的计算公式，就可以获得正确的结果。

例题 2-1 一台锅炉的炉墙由三层材料叠合组成。最里面是耐火黏土砖，厚 115 mm；中间是 B 级硅藻土砖，厚 125 mm；最外层是石棉板，厚 70 mm。已知炉墙内、外表面温度分别为 495 ℃ 和 60 ℃，试求每平方米炉墙每小时的热损失及耐火黏土砖与硅藻土砖分界面上的温度。

分析：根据附录 4，耐火黏土砖以及 B 级硅藻土的导热系数都是温度的函数，按平均温度计算其导热系数时需要知道层间温度。而层间温度本身是待求解的，因此需要采用迭代法，即先估计各层的平均温度算出导热量。第一次估计的平均温度不一定正确，待算得分界面温度时，如假定值与计算值的差别超过允许数值，可重新假定每层的平均温度。经几次试算，逐步逼近，可得合理的数值。

解：

假设：(1)一维问题；(2)稳态导热；(3)无接触热阻。

采用图 2-7 中的符号。$\delta_1 = 115$ mm，$\delta_2 = 125$ mm，$\delta_3 = 70$ mm。经过几次迭代得出三层材料的导热系数为

$$\lambda_1 = 1.12 \ \text{W/(m·K)}, \quad \lambda_2 = 0.116 \ \text{W/(m·K)}, \quad \lambda_3 = 0.116 \ \text{W/(m·K)}$$

代入式(2-47)得每平方米炉壁每小时的热损失为

$$
\begin{aligned}
q &= \frac{t_1 - t_4}{\dfrac{\delta_1}{\lambda_1} + \dfrac{\delta_2}{\lambda_2} + \dfrac{\delta_3}{\lambda_3}} \\
&= \frac{(495 + 273.15)\text{K} - (60 + 273.15)\text{K}}{\dfrac{0.115 \ \text{m}}{1.12 \ \text{W/(m·K)}} + \dfrac{0.125 \ \text{m}}{0.116 \ \text{W/(m·K)}} + \dfrac{0.115 \ \text{m}}{0.116 \ \text{W/(m·K)}}} \\
&= \frac{435}{1.78} \ \text{W/m}^2 = 244 \ \text{W/m}^2
\end{aligned}
$$

将此 q 值代入式(2-49)，求出耐火黏土砖与 B 级硅藻土砖分界面的温度为

$$t_2 = t_1 - q\frac{\delta_1}{\lambda_1} = 495 \ \text{℃} - 244 \ \text{W/m}^2 \times \frac{0.115 \ \text{m}}{1.12 \ \text{W/(m·K)}} = 470 \ \text{℃}$$

讨论：迭代法是求解此类非线性问题的一种行之有效的方法，即先估计一个所求量的数值进行计算，再用计算结果修正预估值，逐次逼近，一直到预估值与计算结果一致(在一定的允许偏差范围内)，计算达到收敛。

例题 2-2 已知钢板、水垢及灰垢的导热系数各为 46.4 W/(m·K)、1.16 W/(m·K) 及 0.116 W/(m·K)，试比较厚 1 mm 钢板、水垢及灰垢的面积热阻。

解：

假设：(1)一维；(2)稳态问题。

计算：平板的面积导热热阻 $R_A = \delta/\lambda$，故有

钢板：
$$R_A = \frac{1 \times 10^{-3} \ \text{m}}{46.4 \ \text{W/(m·K)}} = 2.16 \times 10^{-5} \ \text{m}^2 \cdot \text{K/W}$$

水垢：
$$R_A = \frac{1 \times 10^{-3} \ \text{m}}{1.16 \ \text{W/(m·K)}} = 8.62 \times 10^{-4} \ \text{m}^2 \cdot \text{K/W}$$

灰垢：
$$R_A = \frac{1 \times 10^{-3}\ \text{m}}{0.116\ \text{W/(m}\cdot\text{K)}} = 8.62 \times 10^{-3}\ \text{m}^2 \cdot \text{K/W}$$

讨论：由此可见，1 mm 厚水垢的热阻相当于 40 mm 厚钢板的热阻，而 1 mm 厚灰垢的热阻相当于 400 mm 厚钢板的热阻。因此，在换热器运行过程中尽量保持换热表面干净是十分重要的。

2.4.2　通过长圆筒壁的导热

长圆筒是指圆筒外径小于其长度 1/10 以上的圆筒。若内、外壁均保持恒定的温度，则可忽略轴向导热，认为热量只沿径向传递，属一维稳态导热。工业上所有管道、圆筒型设备以及它们的保温层在内外壁面之间的导热现象大多属于此类导热。

1. 无内热源单层长圆筒的稳态导热

图 2-8 所示的长圆筒，内外半径分别为 r_1、r_2，其内、外表面温度分别维持均匀恒定的温度 t_1 和 t_2。采用圆柱坐标系 (r, φ, z)，该问题就成了沿半径方向上的一维导热问题。为了便于分析，假设该材料的导热系数 λ 为常数。

导热微分方程与相应的边界条件为
$$\frac{d}{dr}\left(r\frac{dt}{dr}\right) = 0 \quad (2-50)$$
$$\left.\begin{array}{l} r = r_1, t = t_1 \\ r = r_2, t = t_2 \end{array}\right\} \quad (2-51)$$

对式(2-50)连续积分两次，得其通解为
$$t = c_1 \ln r + c_2 \quad (2-52)$$

式中，c_1 和 c_2 由边界条件确定。将边界条件式(2-51)分别代入式(2-52)，联解得

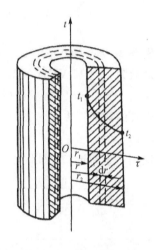

图 2-8　通过圆筒壁的导热

$$c_1 = \frac{t_2 - t_1}{\ln(r_2/r_1)}$$
$$c_2 = t_1 - \ln r_1 \frac{t_2 - t_1}{\ln(r_2/r_1)}$$

将 c_1 和 c_2 代入式(2-52)得温度分布为
$$t = t_1 + \frac{t_2 - t_1}{\ln(r_2/r_1)} \ln(r/r_1) \quad (2-53)$$

由此可见，与平壁中的线性温度分布不同，圆筒壁中的温度分布呈对数曲线。

对式(2-53)求导数可得
$$\frac{dt}{dr} = \frac{1}{r}\frac{t_2 - t_1}{\ln(r_2/r_1)} \quad (2-54)$$

将式(2-54)代入傅里叶定律得
$$q = -\lambda\frac{dt}{dr} = \frac{\lambda}{r}\frac{t_1 - t_2}{\ln(r_2/r_1)} \quad (2-55)$$

由此式可见，在通过圆筒壁的稳态导热中，不同半径处的热流密度与半径成反比。但是，

通过整个圆筒壁面的热流量 Φ 为常量,不随半径而异,对式(2-55)两边各乘以 $2\pi rl$（半径 r 处垂直于热流密度的面积）得

$$\Phi = 2\pi rlq = \frac{2\pi\lambda l(t_1 - t_2)}{\ln(r_2/r_1)} \tag{2-56}$$

根据热阻的定义,通过整个圆筒壁的导热热阻为

$$R = \frac{\Delta t}{\Phi} = \frac{\ln(r_2/r_1)}{2\pi\lambda l} \tag{2-57}$$

2. 无内热源多层长圆筒壁的稳态导热

与分析多层平壁一样,对于 n 层圆筒壁导热,由热阻串联关系,可得到流过圆筒壁的总热流量为

$$\Phi = \frac{2\pi l\Delta t}{\sum_{i=1}^{n}\left(\frac{1}{\lambda_i}\ln\frac{r_{i+1}}{r_i}\right)} \tag{2-58}$$

例题 2-3 热电厂中有一直径为 0.2 m 的过热蒸汽管道,钢管壁厚为 0.8 mm。钢材的导热系数为 $\lambda_1 = 45$ W/(m·K),管外包有厚度为 $\delta = 0.12$ m 的保温层,保温材料的导热系数为 $\lambda_2 = 0.1$ W/(m·K),管内壁面温度为 $t_1 = 300$ ℃,保温层外壁面温度为 $t_3 = 50$ ℃。试求单位管长的散热损失。

解:

这是一个通过二层圆筒壁的稳态导热问题。根据式(2-58)得

$$q = \frac{t_1 - t_3}{\frac{1}{2\pi\lambda_1}\ln\frac{d_2}{d_1} + \frac{1}{2\pi\lambda_2}\ln\frac{d_3}{d_2}}$$

$$= \frac{(300+273.15)\text{K} - (50+273.15)\text{K}}{\frac{1}{2\pi\times45\text{W/(m·k)}}\times\ln\frac{(0.2+2\times0.008)\text{m}}{0.2\text{m}} + \frac{1}{2\pi\times0.1\text{W/(m·k)}}\times\ln\frac{(0.216+2\times0.12)\text{m}}{0.216\text{m}}}$$

$$= 210.3 \text{ W/m}$$

从以上计算过程可以看出,钢管壁的导热热阻与保温层的导热热阻相比非常小,可以忽略。

2.4.3 球壳稳态导热

球壳内径为 d_1,内壁温度为 t_1,外径为 d_2,外壁温度为 t_2,且 $t_1 > t_2$。材料的导热系数 λ 为常数且无内热源。球壳的温度场为一维稳态温度场。取半径 r（$r_1 < r < r_2$）处的假想球面积 $A = 4\pi r^2$,根据傅里叶导热定律,则 $\Phi = -\lambda A\frac{\mathrm{d}t}{\mathrm{d}r} = -\lambda 4\pi r^2\frac{\mathrm{d}t}{\mathrm{d}r}$,分离变量,积分,定上、下限,最后可得

通过球壳导热量为

$$\Phi = \frac{2\pi\lambda(t_1 - t_2)}{\frac{1}{d_1} - \frac{1}{d_2}} = \frac{4\pi\lambda(t_1 - t_2)}{\frac{1}{r_1} - \frac{1}{r_2}} \tag{2-59}$$

球壳内温度函数为

$$t = t_2 + (t_1 - t_2) \frac{1/r - 1/r_2}{1/r_1 - 1/r_2} \qquad (2-60)$$

球壳的导热热阻为

$$R = \frac{1}{4\pi\lambda}\left(\frac{1}{r_1} - \frac{1}{r_2}\right) \qquad (2-61)$$

2.4.4 带第二类、第三类边界条件的一维稳态导热

如图 2-9 所示,一个电熨斗,电功率为 1 200 W,底面竖直置于环境温度为 25 ℃的房间中,金属底板厚为 5 mm,导热系数 $\lambda = 15$ W/(m·K),面积 $A = 300$ cm²。考虑辐射作用在内的表面传热系数 $h = 80$ W/(m²·K),试确定稳态条件下底板两表面的温度。

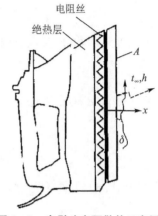

图 2-9 电熨斗底面散热示意图

假设电熨斗绝热层性能良好,加热器的功率全部通过底板散到环境中去,且底板右侧为对流边界条件,左侧为给定热流密度边界条件,其值为

$$q_0 = \frac{1\ 200\ \text{W}}{0.03\ \text{m}^2} = 40\ 000\ \text{W/m}^2$$

温度场的数学描述为

$$\frac{\mathrm{d}^2 t}{\mathrm{d}x^2} = 0 \qquad (2-62)$$

$$\left.\begin{array}{l} x = 0, \ -\lambda \dfrac{\mathrm{d}t}{\mathrm{d}x} = q_0 \\[2mm] x = \delta, \ -\lambda \dfrac{\mathrm{d}t}{\mathrm{d}x} = h(t - t_\infty) \end{array}\right\} \qquad (2-63)$$

上述方程的通解为

$$t = c_1 x + c_2 \qquad (2-64)$$

由左侧边界条件得 $-\lambda c_1 = q_0$,则 $c_1 = -\dfrac{q_0}{\lambda}$。

由右侧边界条件得 $-\lambda c_1 = h\left[(c_1\delta + c_2) - t_\infty\right]$,则

$$c_2 = t_\infty - \frac{c_1\lambda}{h} - c_1\delta = t_\infty + \frac{q_0}{h} + \frac{q_0}{\lambda}\delta \qquad (2-65)$$

代入通解求得

$$t = t_\infty + q_0\left(\frac{\delta - x}{\lambda} + \frac{1}{h}\right) \qquad (2-66)$$

代入给定的数值后可得

$$t_{x=0} = t_\infty + q_0\left(\frac{\delta}{\lambda} + \frac{1}{h}\right)$$

$$= (25 + 273.15)\text{K} + 40\ 000\ \text{W/m}^2 \times \left(\frac{0.005\ \text{m}}{15\ \text{W/(m·K)}} + \frac{1}{80\ \text{W/(m}^2\text{·K)}}\right)$$

$$= 811.15\ \text{K}$$

$$t_{x=\delta} = t_\infty + q_0\left(0 + \frac{1}{h}\right) = (25 + 273.15)\text{K} + 40\ 000\ \text{W/m}^2 \times \frac{1}{80\ \text{W/(m}^2 \cdot \text{K)}}$$
$$= 798.15\ \text{K}$$

2.4.5 变截面或变导热系数的一维问题

一般情况下,导热系数可表示为温度的函数 $\lambda(t)$,根据一维傅里叶定律,则

$$\Phi = -A\lambda(t)\frac{\mathrm{d}t}{\mathrm{d}x} \tag{2-67}$$

分离变量后积分,并注意到热流量 Φ 与 x 无关,得

$$\Phi\int_{t_1}^{t_2}\frac{\mathrm{d}x}{A} = -\int_{t_1}^{t_2}\lambda(t)\,\mathrm{d}t \tag{2-68}$$

将式(2-68)右方乘 $(t_2-t_1)/(t_2-t_1)$,得

$$\Phi\int_{x_1}^{x_2}\frac{\mathrm{d}x}{A} = -\frac{\int_{t_1}^{t_2}\lambda(t)\,\mathrm{d}t}{t_2-t_1}(t_2-t_1) \tag{2-69}$$

显然,式中 $\int_{t_1}^{t_2}\lambda(t)\,\mathrm{d}t\big/(t_2-t_1)$ 项是 λ 在 t_1 至 t_2 范围内的积分平均值,用 $\bar\lambda$ 表示,则有

$$\Phi = \frac{\bar\lambda(t_1-t_2)}{\int_{x_1}^{x_2}\frac{\mathrm{d}x}{A}} \tag{2-70}$$

只要把具体问题中的 A 与 x 的关系代入式(2-70),就可得到适用于具体情况的计算公式。应该注意:用 $\bar\lambda(t_1-t_2)$ 代替 $-\int_{t_1}^{t_2}\lambda(t)\,\mathrm{d}t$ 并不受 A 与 x 的具体关系的约束,因此无论 A 与 x 的关系如何,式(2-70)总是正确的。

在工程计算中,材料导热系数往往存在线性关系,即

$$\lambda = \lambda_0(1+bt) \quad \text{或} \quad \lambda = \lambda_0 + at \tag{2-71}$$

在这种情况下,$\bar\lambda$ 就是算术平均温度 $\bar t = (t_1+t_2)/2$ 下的 $\bar\lambda$ 值。由此可以得出:式(2-71)适用时,只要把计算公式中的导热系数取为算术平均温度下的 $\bar\lambda$ 值,定导热系数的公式就可适用于变导热系数的问题。

2.4.6 具有内热源的导热

1. 具有内热源的平壁

前面讨论的都是无内热源的一维稳态导热问题。在工程应用中,也经常遇到有内热源的导热问题,如电流通过导体时的发热、化工过程中的放热和吸热反应、反应堆中燃料元件的核反应热等。在有内热源时,即使是一维稳态导热,热流量沿传热方向也是不断变化的,微分方程中必须考虑内热源项。

考虑一个具有均匀内热源 $\dot\Phi$ 的大平壁,厚度为 2δ,平壁的两侧均为第三类边界条件,周围流体的温度为 t_f,表面传热系数为 h。由于对称性,这里考虑平壁的一半,如图 2-10 所示。问题的数学描述如下:

微分方程

$$\frac{\mathrm{d}^2 t}{\mathrm{d}x^2} + \frac{\dot{\Phi}}{\lambda} = 0 \qquad (2-72)$$

考虑边界条件时，$x=0$ 处可以认为是对称条件，这样两个边界条件为

$$\left. \begin{array}{l} x=0, \dfrac{\mathrm{d}t}{\mathrm{d}x}=0 \\[2mm] x=\delta, -\lambda \dfrac{\mathrm{d}t}{\mathrm{d}x}=h(t-t_\mathrm{f}) \end{array} \right\} \qquad (2-73)$$

对微分方程积分，得

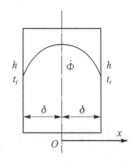

图 2-10 具有内热源的平板导热

$$\frac{\mathrm{d}t}{\mathrm{d}x} = -\frac{\dot{\Phi}}{\lambda}x + c_1 \qquad (2-74)$$

将 $x=0$ 的边界条件代入上式可得 $c_1 = 0$。再将 $c_1 = 0$ 代入式(2-74)，并再次积分，得

$$t = -\frac{\dot{\Phi}}{2\lambda}x^2 + c_2 \qquad (2-75)$$

最后将 $x=\delta$ 的边界条件代入式(2-75)可得出 c_2，得出具有均匀内热源的平壁内温度分布为

$$t = \frac{\dot{\Phi}}{2\lambda}(\delta^2 - x^2) + \frac{\dot{\Phi}\delta}{h} + t_\mathrm{f} \qquad (2-76)$$

由傅里叶定律得任一位置处的热流密度为

$$q = -\lambda \frac{\mathrm{d}t}{\mathrm{d}x} = \dot{\Phi}x \qquad (2-77)$$

由结果可知，具有均匀内热源的平壁温度分布为抛物线，而不是线性的。同时热流密度不在是常数，而与 x 成正比。

上面分析的是第三类边界条件下的结果，当 $h \to \infty$ 时，$t_\mathrm{f} \to t_\mathrm{w}$，这时第三类边界条件变为第一类边界条件。在式(2-76)中令 $h \to \infty$ 和 $t_\mathrm{f} \to t_\mathrm{w}$ 可得第一类边界条件时的温度分布为

$$t = \frac{\dot{\Phi}(\delta^2 - x^2)}{2\lambda} + t_\mathrm{w} \qquad (2-78)$$

2. 具有内热源的圆柱

现在考虑一个具有均匀内热源 $\dot{\Phi}$ 的长圆柱，半径为 R，表面温度为 t_w，导热系数 λ 为常数。采用圆柱坐标，问题的数学描述如下：

微分方程：

$$\frac{1}{r}\frac{\mathrm{d}}{\mathrm{d}r}\left(r\frac{\mathrm{d}t}{\mathrm{d}r}\right) + \frac{\dot{\Phi}}{\lambda} = 0 \qquad (2-79)$$

边界条件为中心对称条件和表面第一类边界条件为

$$\left. \begin{array}{l} r=0, \dfrac{\mathrm{d}t}{\mathrm{d}r}=0 \\[2mm] r=R, t=t_\mathrm{w} \end{array} \right\} \qquad (2-80)$$

对式(2-79)积分一次可得

$$r\frac{\mathrm{d}t}{\mathrm{d}r} = -\frac{\dot{\Phi}}{2\lambda}r^2 + c_1 \qquad (2-81)$$

由边界条件式(2-80)可得 $c_1=0$,则式(2-81)变为

$$\frac{\mathrm{d}t}{\mathrm{d}r} = -\frac{\dot{\Phi}}{2\lambda}r \qquad (2-82)$$

再次积分得

$$t = -\frac{\dot{\Phi}}{4\lambda}r^2 + c_2 \qquad (2-83)$$

由边界条件式(2-80)可解得

$$c_2 = t_w + \frac{\dot{\Phi}}{4\lambda}R^2$$

故最终得温度为抛物线分布,即

$$t = \frac{\dot{\Phi}}{4\lambda}(R^2 - r^2) + t_w \qquad (2-84)$$

圆柱体中心具有最高温度 t_c,计算式为

$$t_c = \frac{\dot{\Phi}R^2}{4\lambda} + t_w \qquad (2-85)$$

3. 具有内热源的圆筒

对具有均匀内热源 $\dot{\Phi}$ 的长圆筒,若其内径为 r_1,内表面温度为 t_1,外径为 r_2,外表面温度为 t_2,则微分方程同式(2-79),即

$$\frac{1}{r}\frac{\mathrm{d}}{\mathrm{d}r}\left(r\frac{\mathrm{d}t}{\mathrm{d}r}\right) + \frac{\dot{\Phi}}{\lambda} = 0 \qquad (2-86)$$

边界条件为

$$\left.\begin{array}{l} r=r_1, t=t_1 \\ r=r_2, t=t_2 \end{array}\right\} \qquad (2-87)$$

微分方程的通解为

$$t = -\frac{\dot{\Phi}}{4\lambda}r^2 + c_1\ln r + c_2 \qquad (2-88)$$

代入边界条件后得温度分布为

$$t = t_2 + \frac{\dot{\Phi}}{4\lambda}(r_2{}^2 - r^2) + c_1\ln\frac{r}{r_2} \qquad (2-89)$$

式中,常数 c_1 为

$$c_1 = \frac{(t_1 - t_2) + \dot{\Phi}(r_1{}^2 - r_2{}^2)/4\lambda}{\ln(r_1/r_2)}$$

例题 2-4 一直径为 3 mm、长度为 1 m 的不锈钢导线通有 200 A 的电流。不锈钢的导热系数为 $\lambda = 19$ W/(m·K),电阻率为 $\rho = 7\times10^{-7}\,\Omega\cdot m$。导线周围与温度为 110 ℃的流体进行对流换热,表面传热系数为 4000 W/(m²·K),求导线中心的温度。

分析:这里所给的是第三类边界条件,而前面的分析解是解第一类边界条件,因此需要先确定导线表面的温度。

解：

由热平衡可知，导线发出的所有热量都必须通过对流传热散出，有

$$I^2 R = \Phi = h \pi d L (t_w - t_\infty)$$

电阻 R 为

$$R = \rho \frac{L}{A} = \frac{7 \times 10^{-7}}{\pi (0.001\,5)^2} = 0.099 \ \Omega$$

故热平衡为

$$200^2 \times 0.099 = 4\,000\pi(3 \times 10^{-3})(t_w - 110) = 3\,960 \ W$$

由此解得

$$t_w = 215 \ ℃$$

单位体积生成的热量由下式计算：

$$\dot{\Phi} = I^2 R / V$$

$$\dot{\Phi} = \frac{3\,960}{\pi(0.001\,5)^2} \ W/m^2 = 560.2 \times 10^6 \ W/m^2$$

这样由式(2-89)得导线中心的温度为

$$t_c = \frac{\dot{\Phi} r^2}{4\lambda} + t_w = \left(\frac{560.2 \times 10^6 \times 0.001\,5^2}{4 \times 19} + 215 \right) ℃ = 231.6 \ ℃$$

2.5 非稳态导热

2.5.1 非稳态导热过程

物体的温度随时间而变化的导热过程称为非稳态导热。根据物体温度随时间的推移而变化的特性，非稳态导热可以区分为两类：物体的温度随时间的推移逐渐趋近于恒定的值及物体的温度随时间而做周期性的变化。在周期性的非稳态导热过程中，物体中各点的温度及热流密度都随时间做周期性的变化。例如，由于太阳辐射的周期性变化而引起的房屋的墙壁、屋顶等的温度场随时间的变化(以 24 h 为周期)，地球表面层的温度由于季节更替而引起的周期性变化(以 1 年为周期)，等。

非稳态导热过程中在热量传递方向上不同位置处的导热量是处处不同的；不同位置间导热量的差别用于(或来自)该两个位置间的物体内能随时间的变化，这是区别于稳态导热的一个特点。因此，对非稳态导热一般不能用热阻的方法来做问题的定量分析。

为定性说明非稳态导热过程中物体内各处温度变化的基本趋势，先来考察一个简单的例子。图 2-11 中示出了一个复合平壁，左侧为金属壁，右侧为保温层，层间接触良好，两种材料的导热系数、密度及比热容均为常数，初始温度为 t_0。然后，复合壁左侧表面温度突然升高到 t_1，并保持不变，而右侧仍与温度为 t_0 的空气接触。这可以作为热机(如汽轮机)起动的一种简化分析模型。在这种条件下，金属壁及保温层中的温度经历了以下变化过程：首先金属壁中紧挨高温表面部分的温度很快上升，而其余部分则仍保持原来的温度 t_0，温度分布如图示曲线 $P-B-L$ 所示。随着时间的推移，温度上升所波及的范围不断扩大，经历了一段时间后金属壁与保温层界面的温度也受到影响，如图 2-11 中曲线 $P-D-I$ 所示。随过程的进一步深入，保温层中温度也缓慢地上升，图中曲线 $P-E-J$、$P-F-K$ 及 $P-G-L$ 示意性地表示

了这种变化过程。最后到达稳态时,金属壁与保温层中的温度分布各自为直线 PH 与 HM。

进一步分析图 2-11 所示的温度变化曲线可以看出,物体中温度的分布可以区分为两种类型:以金属壁中的温度分布为例,在初始阶段,金属壁中的温度分布主要受初始温度分布的影响,如图中曲线 $P-B-L$、$P-C-L$,也就是说,这一阶段中的温度分布主要受初始温度分布的控制,称为非正规状况阶段。当过程进行到一定深度时,物体初始温度分布的影响逐渐消失,此后不同时刻的温度分布主要受热边界条件的影响,如图中曲线 PD、PE、PF、PG 及 PH。这个阶段的非稳态导热称为正规状况阶段。后面将会看到,正规状况阶段的温度分布计算要比非正规状况阶段简单得多。此外,一般地说,物体的整个非稳态导热过程主要处于正规状况阶段,因此,正规状况阶段的温度变化规律是本章讨论的主要内容。存在着有区别的两个不同的导热阶段是这一类非稳态导热区别于周期性非稳态导热的一个特点。

前文已指出,在非稳态导热过程中,热量传递方向上的不同位置的导热量是不同的。对于上面讨论的复合壁的情形,不同时刻左、右表面的导热量随时间的变化定性地示于图 2-12 中。其中,Φ_1 为从左侧面导入金属壁的热流量,而 Φ_2 为保温层导出的热流量。在整个非稳态导热过程中这两个热流量是不相等的,但随着过程的进行,其差别逐渐减小,直到进入稳态阶段两者达到平衡。图中有阴影线的部分代表了复合壁在升温过程中所积聚的能量。

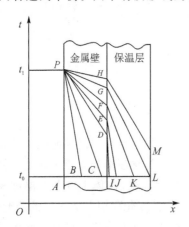

图 2-11 非稳态导热过程中复合壁温度的变化

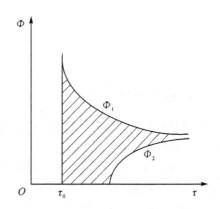

图 2-12 平板非稳态导热过程中两侧表面上导热量随时间的变化

2.5.2 第三类边界条件下毕渥数对平板中温度分布的影响

设有一块厚为 2δ 的金属平板,初始温度为 t_0,突然将它置于温度为 t_∞ 的流体中进行冷却,表面传热系数为 h,平板的导热系数为 λ。平板导热热阻 δ/λ 与表面对流传热热阻 $1/h$ 的比值为一无量纲数(准则数),又称为毕渥(Biot)数,即

$$Bi = \frac{\delta/\lambda}{1/h} = \frac{\delta h}{\lambda} \tag{2-90}$$

毕渥数 Bi 的不同,平板中温度场的变化会出现以下三种情形(见图 2-13)。

(1) $Bi \to \infty$

这时,由于表面对流换热热阻 $1/h$ 几乎可以忽略,因而过程一开始平板的表面温度就被冷却到 t_∞。随着时间的推移,平板内部各点的温度逐渐下降而趋近于 t_∞,见图 2-13(a)。

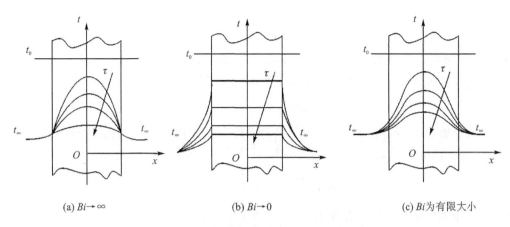

(a) $Bi \rightarrow \infty$　　　　　(b) $Bi \rightarrow 0$　　　　　(c) Bi 为有限大小

图 2 - 13　毕渥数对平板中温度分布的影响

（2）$Bi \rightarrow 0$

这时，平板内部导热热阻 δ/λ 几乎可以忽略，因而任一时刻平板中各点的温度接近均匀，并随着时间的推移整体地下降，逐渐趋近于 t_∞，见图 2 - 13(b)。

（3）Bi 为有限大小

这时，平板中不同时刻的温度分布介于上述两种极端情况之间，见图 2 - 13(c)。

像毕渥数、雷诺数这一类表征某一类物理现象或物理过程特征的无量纲数称为特征数，习惯上又称准则数。出现在特征数定义式中的几何尺度称为特征长度，一般用符号 l 表示。在这里以平板的半厚作为特征长度，即取 $l = \delta$。

2.6　集总参数分析法

当固体内部的导热热阻远小于其表面的换热热阻时，任何时刻固体内部温度都趋于一致，以致可以认为整个固体在同一瞬间均处于同一温度下。这时所要求解的温度仅是时间 τ 的一元函数而与空间坐标无关。该固体原来连续分布的质量与热容量汇总到一点上，好像只有一个温度值那样。这种忽略物体内部导热热阻的简化分析方法称为集总参数法。显然，如果物体的导热系数相当大，或者几何尺寸很小，或表面传热系数极低，则其非稳态导热都可能属于这一类型的问题。例如，测量变化温度的热电偶就是一个典型的实例。

2.6.1　集总参数法温度场的分析解

设有一任意形状的固体，其体积为 V，表面积为 A，并具有均匀的初始温度 t_0。在初始时刻，突然将它置于温度恒为 t_∞ 的流体中，设 $t_0 > t_\infty$，固体与流体间的表面传热系数 h 及固体的物性参数均保持常数，试求物体温度随时间的依变关系。此问题可应用集总参数法分析。

非稳态、有内热源的导热微分方程式（2 - 22）适用于本问题，即

$$\frac{\partial t}{\partial \tau} = a \, \nabla^2 t + \frac{\dot{\Phi}}{\rho c} \tag{2 - 91}$$

由于物体的内部热阻可以忽略，温度与空间坐标无关，所以式中温度的二阶导数项为零。于是式（2 - 91）化简为

$$\frac{dt}{d\tau} = \frac{\dot{\Phi}}{\rho c} \tag{2-92}$$

其中，$\dot{\Phi}$ 应看成是广义热源。这里发生热交换的边界不是计算边界（零维问题，无几何边界），因而界面上交换的热量应该折算为整个物体的体积热源，即

$$-\dot{\Phi}V = Ah(t - t_{\infty}) \tag{2-93}$$

因为物体被冷却，$t > t_{\infty}$，故 $\dot{\Phi}$ 为负值，式（2-93）中的负号是对这一事实的确认。将式（2-93）确定的 $\dot{\Phi}$ 代入式（2-92），有

$$\rho cV \frac{dt}{d\tau} = -hA(t - t_{\infty}) \tag{2-94}$$

这就是适用于本题的导热微分方程式。

引入过余温度 $\theta = t - t_{\infty}$，则式（2-94）变为

$$\rho cV \frac{d\theta}{d\tau} = -hA\theta \tag{2-95}$$

以过余温度表示的初始条件为

$$\theta(0) = t_0 - t_{\infty} = \theta_0 \tag{2-96}$$

式（2-95）和式（2-96）构成对研究问题完整的数学描写。

下面对此进行分析求解。将式（2-95）分离变量，得

$$\frac{d\theta}{\theta} = -\frac{hA}{\rho cV} d\tau \tag{2-97}$$

将式（2-97）对 τ 从 0 到 τ 积分，有

$$\int_{\theta_0}^{\theta} \frac{d\theta}{\theta} = -\int_0^{\tau} \frac{hA}{\rho cV} d\tau \tag{2-98}$$

得

$$\ln\frac{\theta}{\theta_0} = -\frac{hA}{\rho cV}\tau \tag{2-99}$$

$$\frac{\theta}{\theta_0} = \frac{t - t_{\infty}}{t_0 - t_{\infty}} = \exp\left(-\frac{hA}{\rho cV}\tau\right) \tag{2-100}$$

注意到 V/A 具有长度的量纲，并定义

$$l_c = \frac{V}{A} \tag{2-101}$$

则式（2-100）右端的指数项可做如下变化：

$$\frac{hA}{\rho cV}\tau = \frac{hl_c}{\lambda} \frac{\lambda}{\rho c} \frac{\tau}{l_c^2} = \frac{hl_c}{\lambda} \frac{a\tau}{l_c^2} = Bi \cdot Fo \tag{2-102}$$

式中，Bi 是以 l_c 为特征长度的毕渥数，Fo 称为傅里叶数，这里也以 l_c 作为其特征长度。这样式（2-100）又可以表示为

$$\frac{\theta}{\theta_0} = \exp(-Bi \cdot Fo) \tag{2-103}$$

2.6.2　导热量的计算式、时间常数与傅里叶数

1. 导热量计算式

采用集总参数法分析时,从初始时刻到某一瞬间为止的时间间隔内,导热物体与流体间所交换的热量可由瞬时热流量对时间做积分而得。导热物体的瞬时热流量为

$$\Phi = -\rho c V \frac{\mathrm{d}t}{\mathrm{d}\tau} = -\rho c V (t_0 - t_\infty) \left(-\frac{hA}{\rho c V}\right) \exp\left(-\frac{hA}{\rho c V}\tau\right) = (t_0 - t_\infty) hA \exp\left(-\frac{hA}{\rho c V}\tau\right)$$

$$(2-104)$$

式中的负号是为了使 Φ 恒取正值而引入的。从 $\tau=0$ 到 τ 时刻间所交换的总热量为

$$Q_\tau = \int_0^\tau \Phi \mathrm{d}\tau = (t_0 - t_\infty) \int_0^\tau hA \exp\left(-\frac{hA}{\rho c V}\tau\right) \mathrm{d}\tau = (t_0 - t_\infty) \rho c V \left[1 - \exp\left(-\frac{hA}{\rho c V}\tau\right)\right]$$

$$(2-105)$$

虽然,上述各式是对物体被冷却的情况而导出的,但同样适用于被加热的场合,只是为使换热量恒取正值而应将式中的 $t_0 - t_\infty$ 改为 $t_\infty - t_0$。物体内部导热热阻可以忽略时的加热或冷却,有时又称牛顿加热或牛顿冷却。

2. 时间常数

式(2-100)或式(2-103)表明,当采用集总参数法分析时,物体中的过余温度随时间呈指数曲线关系变化。在过程的开始阶段温度变化很快,随后逐渐减慢,如图 2-14 所示。

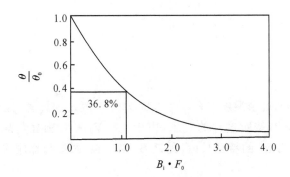

图 2-14　用集总参数法分析时物体无量纲过余温度的变化曲线

在式(2-100)的函数中,$hA/(\rho c V)$ 具有与 $1/\tau$ 相同的量纲。如果时间 $\tau = \rho c V/(hA)$,则有

$$\frac{\theta}{\theta_0} = \frac{t - t_\infty}{t_0 - t_\infty} = \exp(-1) = 0.368$$

$\rho c V/(hA)$ 称为时间常数,记为 τ_c。当时间 $\tau = \tau_c$ 时,物体的过余温度已经降低到了初始过余温度值的 36.8%。在用热电偶测定流体温度的场合,热电偶的时间常数是说明热电偶对流体温度变动响应快慢的指标。显然,时间常数越小,热电偶越能迅速反映出流体温度的变动。时间常数不仅取决于热电偶的几何参数 V/A、物理性质 ρ、c,还同换热条件(h)有关。从物理意义上来说热电偶对流体温度变化反应的快慢取决于其自身的热容量 $\rho c V$ 及表面换热条件(hA)。热容量越大,温度变化得越慢;表面换热条件越好(hA 越大),单位时间内传递的热量

越多,则越能使热电偶的温度迅速接近被测流体的温度。$\rho c V$ 与 hA 的比值反映了这两种影响的综合结果。

3. 傅里叶数的物理意义

上节中已指出,Bi 的意义是固体内部单位导热面积上的导热热阻与单位表面积上的换热热阻(外部热阻)之比,即 $Bi=(l/\lambda)/(1/h)$。Bi 越小,意味着内热阻越小或外热阻越大,这时采用集总参数法分析的结果就越接近实际情况。例如,对于用热电偶测定流体温度的场合,Bi 的值大概只有 0.001(或更小)。试验证实,这时式(2−100)同实测结果符合得很好。

现在来讨论 Fo 的物理意义。傅里叶数的物理意义可以理解为两个时间间隔相除所得的无量纲时间,即 $Fo=\tau/(l_c^2/a)$,分子 τ 是从边界上开始发生热扰动的时刻起到所计算时刻为止的时间间隔,分母 l_c^2/a 可以视为使边界上发生的有限大小的热扰动穿过一定厚度的固体层扩散到 l_c^2 的面积上所需的时间。因此,Fo 可以看成是表征非稳态过程进行深度的无量纲时间。在非稳态导热过程中,这一无量纲时间越大,热扰动就越深入地传播到物体内部,因而物体内各点的温度越接近周围介质的温度。

2.6.3　集总参数法的适用范围及应用举例

前面的定性分析表明,当 Bi 很小时可以采用集总参数法。那么究竟小到什么程度才适合应用集总参数法呢?这取决于问题本身对计算精度的需要。一般来说按特征长度

$$\left.\begin{array}{l} l=\delta,\text{厚度为 } 2\delta \text{ 的平板} \\ l=R,\text{圆柱} \\ l=R,\text{球} \end{array}\right\} \qquad (2-106)$$

定义的 Bi,满足

$$Bi=\frac{hl}{\lambda}\leqslant 0.1 \qquad (2-107)$$

时,物体中最大与最小的过余温度之差小于 5%,对于一般过程计算,此时已经足够精确,可以认为整个物体温度均匀。按照这样的要求,由于 $l_c=V/A$ 对圆柱与球分别是半径的 $1/2$ 与 $1/3$,因而如果以 l_c 作为 Bi 的特征长度,则该 Bi 对平板、圆柱与球应该分别小于 0.1、0.05 和 0.033。

但是,对流传热表面传热系数计算时,有 $20\%\sim25\%$ 的误差是很正常的,同时零维问题的分析方法简单,对许多工程问题都可以得出有用的结果,并且对于形状复杂的问题还无法得出分析解,因此对某些情形也不妨将集总参数法的适用条件放宽到

$$Bi=\frac{hl_c}{\lambda}\leqslant 0.1 \qquad (2-108)$$

对于球,此时最大与最小的过余温度相差约 13%,对圆柱相差约 9%。当计算精度要求不是很高时,这样的结果也是可以接受的。这一情况说明,分析工程问时要根据问题的实际条件、便于获得分析方法等情况灵活处理,不能墨守成规。本节中的例题都以式(2−107)为集总参数法的适用条件。

例题 2−5　一直径为 5 cm 的钢球,初始温度为 450 ℃,突然置于温度为 30 ℃的空气中。设钢球表面与周围环境的表面传热系数为 24 W/($m^2\cdot$K)试计算钢球冷却到 300 ℃所需要时间。已知钢球 $c=0.48$ kJ/(kg·K),$\rho=7\,753$ kg/m^3,$\lambda=33$ W/(m·K)。

解：

假设： (1)钢球冷却过程中与空气及四周冷表面发生对流与辐射传热,随着表面温度的降低辐射换热量减少。这里取一个平均值,表面传热系数按常数处理。(2)常物性。

首先检验是否可以用集总参数法。为此计算 Bi,即

$$Bi = \frac{h(V/A)}{\lambda} = \frac{h \times \frac{4}{3}\pi R^3/(4\pi R^2)}{\lambda} = \frac{h\frac{R}{3}}{\lambda}$$

$$= \frac{24\,\text{W}/(\text{m}^2 \cdot \text{K}) \times \dfrac{0.025\,\text{m}}{3}}{33\,\text{W}/(\text{m} \cdot \text{K})} = 0.006\,06 < 0.033\,3$$

可以采用集总参数法。

$$\frac{hA}{\rho cV} = \frac{24\,\text{W}/(\text{m}^2 \cdot \text{K}) \times 4\pi \times (0.025\text{m})^2}{7\,753\,\text{kg}/\text{m}^3 \times 480\text{J}/(\text{kg} \cdot \text{K})(0.025\,\text{m})^3} = 7.74 \times 10^{-4}\,\text{s}^{-1}$$

根据式(2-100)有

$$\frac{t-t_\infty}{t_0-t_\infty} = \frac{300\,℃ - 30\,℃}{450\,℃ - 30\,℃} = \exp(-7.74 \times 10^{-4}\tau)$$

由此解得

$$\tau = 570\,\text{s} = 0.158\,\text{h}$$

例题 2-6　温度计的水银泡呈圆柱形,长 20 mm,内径为 4 mm,初始温度为 t_0。今将其插入温度较高的储气罐中测量气体温度。设水银泡同气体间的对流传热表面传热系数为 11.63 W/(m² · K),水银泡一层薄玻璃的作用可以忽略不计,试计算此条件下温度计的时间常数,并确定插入 5 min 后温度计读数的过余温度为初始过余温度的百分之几？水银的物性参数如下: $c = 0.138$ kJ/(kg · K), $\rho = 13\,110$ kg/m³, $\lambda = 10.36$ W/(m · K)。

解：

假设： (1)以水印泡作为分析对象,略去玻璃柱体的影响;(2)常物性。

首先检验是否可以用集总参数法。考虑到水银泡柱体的上端面不直接受热,故

$$\frac{V}{A} = \frac{\pi R^2 l}{2\pi Rl + \pi R^2} = \frac{Rl}{2(l + 0.5R)} = \frac{0.002\,\text{m} \times 0.02\,\text{m}}{2 \times (0.020\,\text{m} + 0.001\,\text{m})} = 0.953 \times 10^{-3}\,\text{m}$$

$$Bi = \frac{h(V/A)}{\lambda} = \frac{11.63\,\text{W}/(\text{m}^2 \cdot \text{K}) \times 0.953 \times 10^{-3}\,\text{m}}{10.36\,\text{W}/(\text{m} \cdot \text{K})} = 1.07 \times 10^{-3} < 0.05$$

可以采用集总参数法。时间常数为

$$\tau_c = \frac{\rho cV}{hA} = \frac{13\,110\,\text{kg}/\text{m}^3 \times 138\,\text{J}/(\text{kg} \cdot \text{K}) \times 0.953 \times 10^{-3}\,\text{m}}{11.63\,\text{W}/(\text{m}^2 \cdot \text{K})} = 148\,\text{s}$$

$$Fo = \frac{a\tau}{(V/A)^2} = \frac{\lambda}{c\rho}\frac{\tau}{(V/A)^2}$$

$$= \frac{10.36\,\text{W}/(\text{m} \cdot \text{K})}{13\,110\,\text{kg}/\text{m}^3 \times 138\,\text{kJ}/(\text{kg} \cdot \text{K})} \times \frac{5 \times 60\,\text{s}}{(0.953 \times 10^{-3}\,\text{m})^2}$$

$$= 1.89 \times 10^3$$

$$\frac{\theta}{\theta_0} = \exp(-Bi \cdot Fo) = \exp(-1.07 \times 10^{-3} \times 1.89 \times 10^3)$$

$$= \exp(-2.02) = 0.133$$

即经 5 min 后温度计读数的过余温度是初始过于温度的 13.3%。也就是说,在这段时间内温度计的读数上升了,这次测定中温度(从 t_0 上升到流体温度 t_∞)跃升的 86.7%。

2.7 半无限大物体的非稳态导热

半无限大物体可以看成是一维平板的一种情况。所谓半无限大物体,是指几何上如图 2-15 所示的那样的物体,其特点是从 $x=0$ 的界面开始可以向正向以及上、下方向上无限延伸,而在每一个与 x 坐标垂直的截面上物体的温度都相等。现实世界中不存在这样的半无限大物体,但是在研究物体中非稳态导热的初始阶段时,则有可能把实际物体当作半无限大的物体来处理。例如假设有一块几何上为有限厚度的平板,起初具有均匀的温度,然后其一侧表面突然受到热扰动,如壁温突然升高到一定值并保持不变,或者突然受到恒定的热流密度加热,或者受到温度恒定的流体的加热或冷却,当扰动的影响还局限在表面附近而尚未深入到平板内部时,就可有条件地把该平板视为半无限大物体。工程导热问题中有不少情形可按半无限大物体处理。

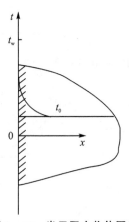

图 2-15 半无限大物体图示

2.7.1 三种边界条件下半无限大物体温度场的分析解

如图 2-15 所示,有一半无限大物体,初始温度均为 t_0。在 $\tau=0$ 时刻,$x=0$ 的侧面突然受到热扰动,这种情况可以归纳为以下三种边界条件:(1)表面温度突然变化到 t_w,并保持恒定(第一类);(2)受到恒定的热流密度加热(第二类);(3)与温度为 t_∞ 的流体进行热交换(第三类)。这三类边界条件定性地示于图 2-16 中。假设物体的热物性为常数,没有内热源。

上述条件下物体中的控制方程和定解条件为

$$\left. \begin{aligned} &\frac{\partial t}{\partial \tau} = a\,\frac{\partial^2 t}{\partial x^2}, && 0 < x < \infty \\ &\tau = 0, && t(x,\tau) = t_0 \\ &x = 0, && \text{图 2-16 所示的三种条件之一} \end{aligned} \right\} \qquad (2-109)$$

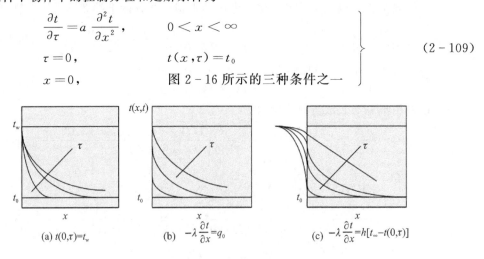

(a) $t(0,\tau) = t_w$ (b) $-\lambda \dfrac{\partial t}{\partial x} = q_0$ (c) $-\lambda \dfrac{\partial t}{\partial x} = h[t_\infty - t(0,\tau)]$

图 2-16 三种边界条件的图示

温度场的分析解如下：

第一类边界条件

$$\frac{t(x,\tau) - t_{\mathrm{w}}}{t_0 - t_{\mathrm{w}}} = \mathrm{erf}\left(\frac{x}{2\sqrt{a\tau}}\right) \tag{2-110}$$

第二类边界条件

$$t(x,\tau) - t_0 = \frac{2q_0\sqrt{\dfrac{a\tau}{\pi}}}{\lambda}\exp\left(-\frac{x^2}{4a\tau}\right) - \frac{q_0 x}{\lambda}\mathrm{erfc}\left(\frac{x}{2\sqrt{a\tau}}\right) \tag{2-111}$$

第三类边界条件

$$\frac{t(x,\tau) - t_0}{t_\infty - t_0} = \mathrm{erf}\left(\frac{x}{2\sqrt{a\tau}}\right) - \exp\left(\frac{hx}{\lambda} + \frac{h^2 a\tau}{\lambda^2}\right)\mathrm{erfc}\left(\frac{x}{2\sqrt{a\tau}} + \frac{h\sqrt{a\tau}}{\lambda}\right)$$

$$\tag{2-112}$$

式中，$\mathrm{erf}\left(\dfrac{x}{2\sqrt{a\tau}}\right)$ 称为误差函数，$\mathrm{erfc}\left(\dfrac{x}{2\sqrt{a\tau}}\right) = 1 - \mathrm{erf}\left(\dfrac{x}{2\sqrt{a\tau}}\right)$ 称为余误差函数，

$\mathrm{erf}(x) = \dfrac{2}{\sqrt{\pi}}\displaystyle\int_0^x \mathrm{e}^{-\eta^2}\,\mathrm{d}\eta$ 。

2.7.2　导热量计算式

下面以上述第一种边界条件为例导出从初始时刻到某一指定时刻 τ 之间，即在时间间隔 $[0,\tau]$ 内半无限大物体表面与外界的换热量（亦即半无限大物体内的导热量）。

通过任意截面 x 处的热流密度为

$$q_x = -\lambda\frac{\partial t}{\partial x} = -\lambda(t_0 - t_{\mathrm{w}})\frac{\partial \mathrm{erf}\eta}{\partial x}$$

$$= \lambda\frac{t_{\mathrm{w}} - t_0}{\sqrt{\pi a\tau}}\exp[-x^2/(4a\tau)] \tag{2-113}$$

在表面上（$x=0$）的导热量为

$$Q = A\int_0^\tau q_{\mathrm{w}}\mathrm{d}\tau = A\int_0^\tau \frac{\lambda(t_{\mathrm{w}} - t_0)}{\sqrt{\pi a\tau}}\mathrm{d}\tau = 2A\sqrt{\frac{\tau}{\pi}}\sqrt{\rho c\lambda}\,(t_{\mathrm{w}} - t_0) \tag{2-114}$$

由以上两式可见，表面上的瞬时热流量密度与平方根成正比，而总的导热量则与时间的平方根成正比。此外，Q 还与物体的 $\sqrt{\rho c\lambda}$ 成正比（注意：在稳态导热中，导热量与 ρc 无关，而只与 λ 成正比）。在材料形成工业中称 $\sqrt{\rho c\lambda}$ 为吸热系数，它的大小代表了物体向与其接触的高温物体吸热的能力。在选择造型材料与冷铁时，吸热系数是一个重要指标，它关系到物体（如铸件）的冷却速度。

2.7.3　分析解的讨论

上述三种边界条件下的解都包含有一个量纲为 1（习惯上称无量纲）的参数 $\eta = \dfrac{x}{2\sqrt{a\tau}}$，以及误差函数 $\mathrm{erf}\eta$，这是半无限大物体分析解的一个共同特点。下面以边界条件式（2-110）

为例来进一步分析这一参数所代表的物理意义。

首先看误差函数 erfη 随 η 的变化趋势,如图 2-17 所示。当 $\eta=2$ 时,有 $\theta/\theta_0=0.9953$,这说明,当 $\eta\geqslant2$ 时,即 $\dfrac{x}{2\sqrt{a\tau}}\geqslant2$ 时,x 处的温度可以认为仍等于 t_0(无量纲过余温度的变化小于 0.5%)。由此可以得出两个重要结论:

(1)从几何位置上说,如果 $\dfrac{x}{2\sqrt{a\tau}}\geqslant2$,则在 τ 时刻 x 处的温度可以认为尚未发生变化。因而对一块初始温度均匀的厚 2δ 的平板,当其一个侧面的温度突然变化到另一个恒定温度时,如果其半厚度 $\delta\geqslant4\sqrt{a\tau}$,则在 τ 时刻之前该平板中瞬时温度场计算均可以采用半无限大物体的模型。

(2)从时间上看,如果 $\tau\leqslant x^2/(16a)$,则此时 x 处的温度可认为完全不变,因而可以把 $x^2/(16a)$ 视为惰性时间,即当 $\tau<x^2/(16a)$ 时 x 处的温度可以认为等于 t_0。或者说,当它的局部 Fo,即 $\dfrac{a\tau}{x^2}<\dfrac{1}{16}\approx0.06$ 时,物体中的非稳态导热可以作为半无限大物体处理。

例题 2-7 一块大平板型钢铸件在地坑中浇铸,浇铸前型砂温度为 20 ℃。设在很短时间内浇铸完成,并且浇铸后铸件的表面温度一直维持在其凝固温度 1 450 ℃,试计算离铸件底面 80 mm 处浇铸 2 h 后的温度(见图 2-18)。型砂的热扩散率 $a=0.89\times10^{-6}$ m²/s。

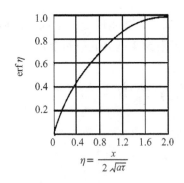 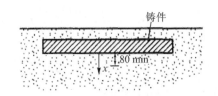

图 2-17 误差函数曲线图　　　图 2-18 误差函数曲线图

解:

假设: 将铸件底面以下砂型中的非稳态导热按第一边界条件的半无限大物体处理,且物性为常数。

$$\eta=\frac{x}{2\sqrt{a\tau}}=\frac{80\times10^{-3}\,\text{m}}{2\sqrt{0.89\times10^{-6}\,\text{m}^2/\text{s}\times2\times3\,600\,\text{s}}}=0.5$$
$$\text{erf }0.5=0.5205$$

所以
$$t=t_w+\text{erf }0.5(t_0-t_w)=1\,450\,℃+0.5205\times(20\,℃-1\,450\,℃)=705.7\,℃$$

习　题

2-1　烘箱的箱门由两种保温材料 A 及 B 组成,且 $\delta_A = 2\delta_B$(见习题 2-1 图)。已知 $\lambda_A = 0.1$ W/(m·K),$\lambda_B = 0.06$ W/(m·K),烘箱内空气温度 $t_{f1} = 400$ ℃,内壁面的总表面传热系数 $h_1 = 50$ W/(m·K)。为了安全起见,希望烘箱门的外表面温度不得高于 50 ℃。可把烘箱门导热作为一维问题处理,试决定所需材料的厚度。环境温度 $t_{f2} = 25$ ℃,外表面传热系数 $h_2 = 9.5$ W/(m·K)。

2-2　双层玻璃系由两层厚 6 mm 的玻璃及其间的空气隙组成,空气隙的厚度为 8 mm。假设面向室内的玻璃表面温度与面向室外的玻璃表面温度各为 20 ℃ 及 -20 ℃,试确定该双层玻璃窗的热损失。如果采用单层玻璃窗,其他条件不变,其热损失是双层玻璃的多少倍?玻璃窗的尺寸为 60 cm×60 cm。不考虑空气间隙的自然对流。玻璃的导热系数为 0.78 W/(m·K)。

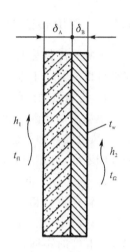

习题 2-1 图

2-3　一根直径为 3 mm 的铜导线,每米长的电阻为 $2.22×10^{-3}$ Ω。导线外包有厚 1 mm、导热系数为 0.15 W/(m·K) 的绝缘层。限定绝缘层的最高温度为 65 ℃,最低温度为 0 ℃,试确定在这种条件下导线中允许通过的最大电流。

2-4　具有内热源 $\dot{\Phi}$。外径为 r_0 的实心长圆柱体,向四周温度为 t_∞ 的环境散热,表面传热系数为 h。试列出圆柱体中稳态温度场的微分方程式及边界条件,并对 $\dot{\Phi}$ 为常数的情形进行求解。

2-5　初始温度为 t_0 的固体被置于室温为 t_∞ 的房间中。物体表面的发射率为 ε,表面与空气间的表面传热系数为 h。物体的体积为 V,参与换热的面积为 A,比热容和密度分别为 c 和 ρ,物体的内热阻可以忽略不计,试列出物体温度随时间变化的微分方程式。提示:物体单位面积上的热辐射量为 $\varepsilon\sigma(T^4 - T_\infty^4)$。

2-6　热电偶的 $\rho c V/A$ 之值为 2.094 kJ/(m²·K),初始温度为 20 ℃,后将其置于 320 ℃ 的气流中。试计算在气流与热电偶之间的表面传热系数为 58 W/(m²·K) 及 116 W/(m²·K) 的两种情形下热电偶的时间常数,并画出两种情形下热电偶的过余温度随时间变化的曲线。

2-7　一种测量导热系数的瞬态法是基于半无限大物体的导热过程而设计的。设有一块厚金属,初始温度为 30 ℃,一侧表面突然与温度为 100 ℃ 的沸水接触。在离此表面 10 mm 处由热电偶测得 2 min 后的温度为 65 ℃。已知材料的 $\rho = 2\,200$ kg/m³,$c = 700$ J/(kg·K),试计算该材料的导热系数。

第3章　热对流与对流传热

3.1　对流传热的概述

3.1.1　对流传热的影响因素

影响对流传热的因素就是影响流动的因素及影响流体中热量传递的因素。这些因素归纳起来可以分为以下五个方面。

1. 流体流动的起因

根据流动起因不同,对流传热可以分为强制对流传热与自然对流传热两大类。前者是由于泵、风机或其他外部动力源造成的,而后者通常是由于流体内部的密度差引起的。两种流动的成因不同,流体中的速度场也有差别,所以传热规律就不一样。

2. 流体有无相变

在流体没有相变时对流传热中的热量交换是由于流体显热的变化而实现的,而在有相变的换热过程中(如沸腾或凝结),流体相变热(潜热)的释放或吸收常常起主要作用,因而传热规律与无相变时不同。

3. 流体的流动状态

流体力学的研究已经查明,黏性流体存在着两种不同的流态——层流及湍流。层流时流体微团沿着主流方向进行有规则的分层流动,而湍流时流体各部分之间发生剧烈的混合,因而在其他条件相同时湍流传热的强度自然要较层流强烈。

4. 换热表面的几何因素

这里的几何因素指的是换热表面的形状、大小、换热表面与流体运动方向的相对位置以及换热表面的状态(光滑或粗糙)。例如,图 3-1(a)所示的管内强制对流流动与流体横掠圆管的强制对流流动是截然不同的。前一种是管内流动,属于内部流动的范围;后一种是外掠物体流动,属于外部流动的范围。这两种不同流动条件下的换热规律必然是不相同的。在自然对流领域里,几何形状、几何布置对流动有决定性影响,如图 3-1(b)所示的水平壁,热面朝上散热的流动与热面朝下散热的流动就截然不同,它们的换热规律也是不一样的。

5. 流体的物理性质

流体的热物理性质对于对流传热有很大的影响。以无相变的强制对流传热为例,流体的密度 ρ、动力黏度 η、导热系数 λ 以及定压比热 c_p 等都会影响流体中速度的分布及热量的传递,因而影响对流传热。内冷发电机的冷却介质从空气改成水可以提高发电机的出力,就是利用了水的热物理性质有利于强化对流传热这一事实。

由上述讨论可见,影响对流传热的因素很多,由于流动动力的不同、流动状态的区别、流体是否相变及换热表面几何形状的差别构成了多种类型的对流传热现象,因而表征对流传热强弱的表面传热系数是取决于多种因素的复杂函数。以单相强制对流传热为例,在把高速流动

排除在外时(高速流动一般只发生在与航空、航天飞行器有关的对流现象中),表面传热系数可表示为

$$h = f(u, l, \rho, \eta, \lambda, c_p) \qquad (3-1)$$

式中,l 是换热表面的一个特征长度。

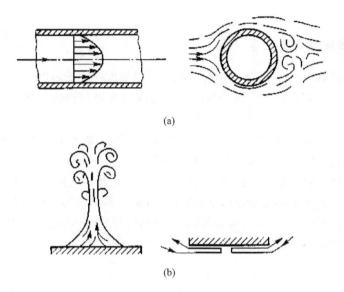

图 3-1　几何因素的影响

3.1.2　对流传热的研究方法

研究对流传热的方法,即获得表面传热系数 h 的表达式的方法大致有以下四种:

1. 分析法

所谓分析法是指对描写某一类对流传热问题的偏微分方程及相应的定解条件进行数学求解,从而获得速度场和温度场的分析解的方法。由于数学上的困难,目前只能得到个别简单的对流传热问题的分析解,但分析解能深刻揭示各个物理量对表面传热系数的依变关系,是评价其他方法所得结果的标准与依据。

2. 实验法

通过实验获得的表面传热系数的计算式仍是目前工程设计的主要依据,因此是初学者必须掌握的内容。为了减少实验次数、提高实验测定结果的通用性,传热学的实验测定应当在相似原理指导下进行。可以说,在相似原理指导下的实验研究是目前获得表面传热系数关系式的主要途径。

3. 比拟法

比拟法是指通过研究动量传递及热量传递的共性或类似特性,以建立起表面传热系数与阻力系数间的相互关系的方法。运用比拟法,可通过比较容易用实验测定的阻力系数来获得相应的表面传热系数的计算公式。在传热学发展的早期,这一方法曾广泛用来获得湍流换热的计算公式。随着实验测试技术及计算机技术的迅速发展,近年来这一方法已较少应用。但是,这一方法所依据的动量传递与热量传递在机理上的类似性,对理解与分析对流传热过程很有帮助。

4. 数值法

对流传热的数值求解方法在近 30 年内得到了迅速发展,并将会日益显示出其重要的作用。与导热问题的数值求解方法相比,对流传热的数值求解增加了两个难点,即对流项的离散及动量方程中的压力梯度项的数值处理。这两个难点的解决涉及很多专门的数值方法,因而本章不作介绍。

3.1.3　表面传热系数的计算方法

在分析解法及数值解法中,求解所得的直接结果是流体中的温度分布。那么,如何从流体中的温度分布进一步得到表面传热系数呢?下面我们来揭示表面传热系数 h 与流体温度场之间的关系。

当黏性流体在壁面上流动时,由于黏性的作用,在靠近壁面的地方流速逐渐减小,而在贴壁处流体将被滞止而处于无滑移状态。换句话说,在贴壁处流体没有相对于壁面的流动,在流体力学中称为贴壁处的无滑移边界条件。贴壁处这一极薄的流体层相对于壁面是不流动的,壁面与流体间的热量传递必须穿过这个流体层,而穿过不流动的流体层的热量传递方式只能是导热;当流体为空气一类不参与辐射传热的介质时,穿过流体层的热量传递方式还可能有辐射。将傅里叶定律应用于贴壁流体层,可得

$$q = -\lambda \left. \frac{\partial t}{\partial y} \right|_{y=0} \qquad (3-2)$$

式中,$\partial t / \partial y \big|_{y=0}$ 为贴壁处壁面法线方向上的流体温度变化率;λ 为流体导热系数。将牛顿冷却公式($q = h \Delta t$)与式(3-2)联立,即得

$$h = -\frac{\lambda}{\Delta t} \left. \frac{\partial t}{\partial y} \right|_{y=0} \qquad (3-3)$$

式(3-3)把对流传热表面传热系数与流体的温度场联系起来,不论是分析解法、数值解法还是实验法都要用到它。

在分析解法及数值解法求解中,第一类边界条件与第二类边界条件的已知量是不同的。在第一类边界条件的问题中,壁面温度是已知的,分析求解的目的是求壁面法向的温度变化率 $\partial t / \partial y \big|_{y=0}$。在第二类边界条件的问题中,壁面换热的热流密度是已知的,相应的 $\partial t / \partial y \big|_{y=0}$ 是已知的,分析求解的目的是确定壁温 t_w。所有这两种边界条件问题的共同点就是要解出流体内的温度分布,即温度场。应注意的是,式(3-3)与导热问题的第三类边界条件不同,其中的 h 是未知量,而在式(2-34)中 h 作为已知的边界条件给出。此外,式(2-34)中的 λ 为固体的导热系数,而此处 λ 为流体的导热系数。在用实验法求取 h 的计算式时,式(3-3)将用来导出一个包括 h 的无量纲数。还应指出,式(3-3)中的 h 是局部表面传热系数,而求整个换热表面的表面传热系数时须把牛顿冷却公式应用于整个表面。

3.2　对流传热的数学描述

对流传热问题完整的数学描述包括对流传热微分方程组及定解条件,前者包括质量守恒、动量守恒及能量守恒这三大守恒定律的数学表达式。读者已在流体力学课程中学习了质量守恒、动量守恒微分方程的推导过程,这里只引出这些结果,不再推导。下面着重研究能量守恒

微分方程的推导过程及对流传热完整的控制方程和定解条件。

3.2.1　运动流体能量方程的推导

1. 简化假设

为了简化分析,推导时作下列假设:① 流动是二维的;② 流体为不可压缩的牛顿型流体。已知,切应力服从牛顿黏性定律($\tau = \mu \partial t / \partial y$)的流体称牛顿型流体。空气、水以及许多工业用油都属牛顿型流体。少数高分子溶液,如油漆、泥浆等不遵守牛顿黏性定律,称为非牛顿型流体;③ 流体物性为常数,无内热源;④ 黏性耗散产生的耗散热可以忽略不计。除高速的气体流动及一部分化工用流体等的对流传热外,工程中常见的对流传热问题大都满足上述假定。

2. 微元体能量收支平衡的分析

能量微分方程描述运动流体的温度与有关物理量的联系,它的导出同样基于能量守恒定律及傅里叶导热定律。与导出傅里叶导热微分方程的不同点仅在于,这里要把流体流进、流出一个微元体时所带入或带出的能量考虑进去。

以图 3-2 所示的笛卡儿坐标系中的微元体作为分析对象,它是固定在空间一定位置的一个控制体,其界面上不断地有流体进出,因而是热力学中的一个开口系统。根据热力学第一定律,有

$$\Phi = \frac{\partial U}{\partial \tau} + (q_m)_{out} \left(h + \frac{1}{2} v^2 + gz \right)_{out} - (q_m)_{in} \left(h + \frac{1}{2} v^2 + gz \right)_{in} + W_{net} \qquad (3-4)$$

式中,q_m 为质量流量;h 为流体的比焓;下标 in 及 out 表示进及出;U 为微元体的热力学能;Φ 为通过界面由外界导入微元体的热流量;W_{net} 为流体所做的净功。考虑到流体流过微元体时位能及动能的变化均可以略而不计,流体也不做功,于是有

$$\Phi = \frac{\partial U}{\partial \tau} + (q_m)_{out} h_{out} - (q_m)_{in} h_{in} \qquad (3-5)$$

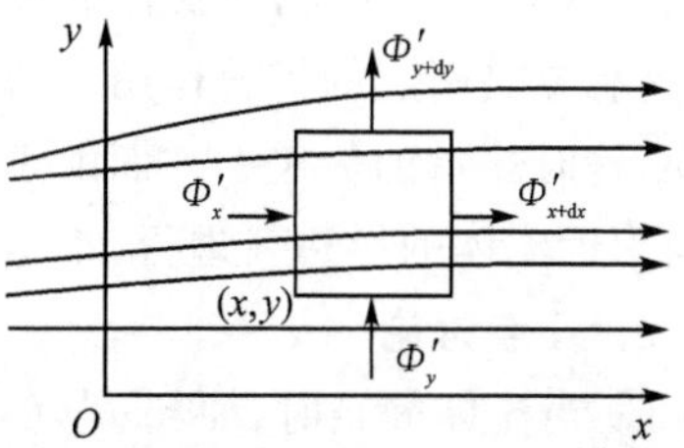

图 3-2　能量微分方程推导中的微元体

由导热进入微元体的热量已经在第 2 章中推导过。对于二维问题,在 dτ 时间内这一热量为

$$\Phi d\tau = \lambda \left(\frac{\partial^2 t}{\partial x^2} + \frac{\partial^2 t}{\partial y^2} \right) dx\,dy\,d\tau \qquad (3-6)$$

在 dτ 时间内,微元体中流体温度改变了 $\frac{\partial t}{\partial \tau} d\tau$,其热力学能的增量为

$$\Delta U = \rho c_p\, dx\,dy\, \frac{\partial t}{\partial \tau} d\tau \qquad (3-7)$$

这里利用了流体不可压缩的条件。

流体流出、流进微元体所带入、带出的焓差可分别从 x 及 y 方向加以计算,以 x 方向为例,在 dτ 时间内由 x 处的截面进入微元体的焓为

$$H_x = \rho c_p u t\, dy\, d\tau$$

而在相同的 dτ 内由 $x + dx$ 处的截面流出微元体的焓为

$$H_{x+dx} = \rho c_p \left(t + \frac{\partial t}{\partial x} dx \right) \left(u + \frac{\partial u}{\partial x} dx \right) dy\, d\tau$$

将两式相减可得 $d\tau$ 时间内在 x 方向上由流体净带出微元体的热量,略去高阶无穷小后为

$$H_{x+dx} - H_x = \rho c_p \left(u\,\frac{\partial t}{\partial x} + t\,\frac{\partial u}{\partial x} \right) dx\,dy\,d\tau \qquad (3-8)$$

同理,y 方向上的相应表达式为

$$H_{y+dy} - H_y = \rho c_p \left(v\,\frac{\partial t}{\partial y} + t\,\frac{\partial v}{\partial y} \right) dx\,dy\,d\tau \qquad (3-9)$$

于是,在单位时间内由于流体的流动而带出微元体的净热量为

$$(q_m)_{out} h_{out} - (q_m)_{in} h_{in} = \rho c_p \left[\left(u\,\frac{\partial t}{\partial x} + v\,\frac{\partial t}{\partial y} \right) + \left(t\,\frac{\partial u}{\partial x} + t\,\frac{\partial v}{\partial y} \right) \right] dx\,dy$$

$$= \rho c_p \left(u\,\frac{\partial t}{\partial x} + v\,\frac{\partial t}{\partial y} \right) dx\,dy \qquad (3-10)$$

将式(3-6)、式(3-7)及式(3-10)代入式(3-5)并化简,即得二维、常物性、无内热源的能量微分方程,即

$$\rho c_p \left(\frac{\partial t}{\partial \tau} + u\,\frac{\partial t}{\partial x} + v\,\frac{\partial t}{\partial y} \right) = \lambda \left(\frac{\partial^2 t}{\partial x^2} + \frac{\partial^2 t}{\partial y^2} \right) \qquad (3-11)$$

式(3-11)等号左端第 1 项表示所研究的控制容积中,流体温度随时间的变化,称为非稳态项,等号左端第 2、3 项表示由于流体流出与流进该控制容积净带走的热量,称为对流项,而等号后两项则表示由于流体中的热传导而净导入控制容积的热量,称为扩散项(导热是扩散过程的一种)。式(3-11)表明,在流体的运动过程中,热量的传递除了依靠流体的流动外(对流项所代表)还有导热引起的扩散作用。前面指出,所谓对流传热是指运动着的流体与固体表面间的热交换,这时热量的传递一方面由于流体的宏观位移所致,同时与固体之间的热交换是通过固体壁面附近流体的导热来进行,正是这两种热量传递的机制的共同作用,造成了对流传热。

3. 几点讨论

① 当流体静止时,$u = v = 0$,式(3-11)即化为常物性、无内热源的导热微分方程;

② 稳态的对流传热问题,非稳态项的消失,式(3-11)可以改写为

$$\rho c_p (\boldsymbol{U} \cdot \mathrm{grad}\,t) = \lambda \left(\frac{\partial^2 t}{\partial x^2} + \frac{\partial^2 t}{\partial y^2} \right) \qquad (3-12)$$

这里已经将对流项简写为速度矢量与温度梯度的点积。

③ 如果流体中有内热源,如黏性耗散作用所产生的热量、化学反应的生成热等,则不难证明,只要在式(3-11)、式(3-12)的右端加上 $\dot{\Phi}(x,y)$ 就得出有内热源时的能量方程,这里 $\dot{\Phi}(x,y)$ 为内热源强度,单位为 W/m³。对于二维常物性流体,其黏性耗散所产生的内热源强度可以用下式表示:

$$\dot{\Phi}(x,y) = \eta \left\{ 2\left[\left(\frac{\partial u}{\partial x} \right)^2 + \left(\frac{\partial v}{\partial y} \right)^2 \right] + \left(\frac{\partial u}{\partial y} + \frac{\partial v}{\partial x} \right)^2 \right\} \qquad (3-13)$$

3.2.2 对流传热问题完整的数学描述

1. 控制方程

对于不可压缩、常物性、无内热源的二维问题,微分方程组为:

质量守恒方程:

$$\frac{\partial u}{\partial x} + \frac{\partial v}{\partial y} = 0 \tag{3-14}$$

动量守恒方程：

$$\rho\left(\frac{\partial u}{\partial \tau} + u\,\frac{\partial u}{\partial x} + v\,\frac{\partial u}{\partial y}\right) = F_x - \frac{\partial p}{\partial x} + \eta\left(\frac{\partial^2 u}{\partial x^2} + \frac{\partial^2 u}{\partial y^2}\right) \tag{3-15}$$

$$\rho\left(\frac{\partial v}{\partial \tau} + u\,\frac{\partial v}{\partial x} + v\,\frac{\partial v}{\partial y}\right) = F_y - \frac{\partial p}{\partial y} + \eta\left(\frac{\partial^2 v}{\partial x^2} + \frac{\partial^2 v}{\partial y^2}\right) \tag{3-16}$$

能量守恒方程：

$$\frac{\partial t}{\partial \tau} + u\,\frac{\partial t}{\partial x} + v\,\frac{\partial t}{\partial y} = \frac{\lambda}{\rho c_p}\left(\frac{\partial^2 t}{\partial x^2} + \frac{\partial^2 t}{\partial y^2}\right) \tag{3-17}$$

其中，F_x、F_y 是体积力在 x、y 方向的分向量。动量守恒方程式(3-15)、式(3-16)就是 Navier-Stokes 方程。质量守恒方程式(3-14)又称连续性方程，它们是描写黏性流体过程的控制方程，对于不可压缩黏性流体的层流及湍流流动都适用。

2. 定解条件

对流传热问题定解条件包括初始时刻的条件及边界上与速度、压力及温度等有关的条件。以能量守恒方程为例，可以规定边界上流体的温度分布(第一类边界条件)，或给定边界上加热或冷却流体的热流密度(第二类边界条件)。由于获得表面传热系数是求解对流传热问题的最终目的，因此一般地说求解对流传热问题时没有第三类边界条件。

式(3-14)～式(3-17)共 4 个方程，其中包含了 4 个未知数(u,v,p,t)。虽然方程组是封闭的，原则上可以求解，然而由于 Navier-Stokes 方程的复杂性和非线性，要针对实际问题在整个流场内数学上求解上述方程组却是非常困难的。1904 年德国科学家普朗特 (L. Prandtl)提出著名的边界层概念，并用它对 Navier-Stokes 方程进行了实质性的简化后才有所改观。后来，波尔豪森(E. Pohlhausen)把边界层概念推广应用于对流传热问题，提出了热边界层的概念，使对流传热问题的分析求解也得到了发展。

3.3　边界层对流传热问题的数学描述

3.3.1　流动边界层及边界层动量方程

1. 流动边界层及其厚度的定义

由于数学上的困难，只有对极少数情况才能获得描述黏性流体流动的 Navier-Stokes 方程的分析解。普朗特认为，黏滞性起作用的区域仅仅局限在靠近壁面的薄层内；在此薄层以外，由于速度梯度很小，黏滞性所造成的切应力可以忽略不计，于是该区域中的流动可以作为理想流体的无旋流动，进而使其数学求解要比黏性流体的流动容易得多。在这个黏滞力不能忽略的薄层之内，运用数量级分析的方法可以对 Navier-Stokes 方程作实质性的简化，从而可以获得不少黏性流动问题的分析解。将固体表面附近流体速度发生剧烈变化的薄层称为流动边界层(又称速度边界层)，图 3-3 示出了产生流动边界层的两种常见情形。如图 3-3(a)所示，从 $y=0$ 处 $u=0$ 开始，流体的速度随着离开壁面距离 y 的增加而急剧增大，经过一个薄层后 u 增长到接近主流速度，称这个薄层为流动边界层，其厚度视规定的接近主流速度程度的不同而不同。通常规定达到主流速度的 99% 处的距离 y 为流动边界层的厚度,记为 δ。流动边界层厚度 δ 薄到什么程度呢?以温度为 20 ℃ 的空气沿平板的流动为例。在不同来流速度 u_∞ 下,δ 沿平板长度的变化见图 3-4。由图可知,相对于平板长度 l,δ 是一个比 l 小一个数量级以上的量。而在这样小的薄层内,流体的速度要从 0 m/s 变化到接近于主流流速,所以流体在垂直于主流方向上的速度变化是十分剧烈的。

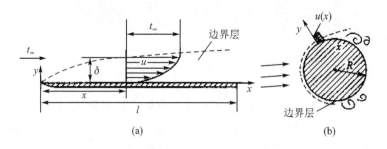

图 3-3   边界层示意图

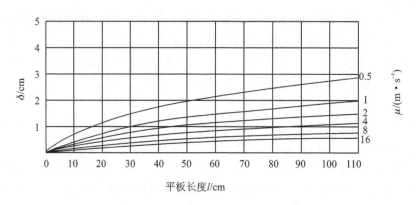

图 3-4   空气沿平板流动时边界层的增厚情况

2. 流动边界层的流态

流动边界层在壁面上的发展过程也显示出,在边界层内会出现层流和湍流两类状态不同的流动,图 3-5 示出了流体掠过平板时边界层的发展过程。假定流体以 u_∞ 的流速沿平板流动,在平板的起始段,δ 很薄。随着 x 的增加,由于壁面黏滞力的影响逐渐向流体内部传递,边界层逐渐增厚,但在某一距离 x_c 以前会一直保持层流的性质,此时流体作有秩序的分层流动,各层互不干扰,称层流边界层。沿流动方向随着边界层厚度的增加,边界层内部黏滞力和惯性力的对比向着惯性力相对强大的方向变化,促使边界层内的流动变得不稳定起来。自距前缘 x_c 处起,流动朝着湍流过渡,最终过渡为旺盛湍流。此时流体质点在沿 x 方向流动的同时,又作着紊乱的不规则脉动,故称湍流边界层。边界层开始从层流向湍流过渡的距离 x_c 由临界雷诺数 $Re_c = u_\infty x_c / v$ 确定。对掠过平板的流动,根据来流湍流度的不同,$Re_c = 2 \times 10^5 \sim 3 \times 10^6$。来流扰动强烈、壁面粗糙时,雷诺数甚至在低于下限值时即发生流动状态的转变。在一般情况下,可取 $Re_c = 5 \times 10^5$。

湍流边界层的主体核心虽处于湍流流动状态,但紧靠壁面处黏滞应力仍占主导地位,致使贴附于壁面的一极薄层内仍保持层流的主要性质。将该极薄层称为湍流边界层的黏性底层,在湍流核心与黏性底层之间存在着起过渡性质的缓冲层。

图 3-5 定性地给出了边界层内的速度分布曲线,它们与流动状态相对应。层流边界层的速度分布为抛物线状。在湍流边界层中,黏性底层的速度梯度较大,近于直线,而在湍流核心,质点的脉动强化了动量传递,速度变化较为平缓。

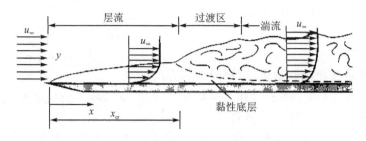

图 3-5　掠过平板时边界层的形成和发展

3. 流动边界层的动量方程

流体力学告诉我们,对于如图 3-3 所示流体外掠物体的流动,运用数量级分析的方法,层流边界层内黏性流体的稳态动量方程可简化为

$$u\,\frac{\partial u}{\partial x} + v\,\frac{\partial u}{\partial y} = -\frac{1}{\rho}\,\frac{\mathrm{d}p}{\mathrm{d}x} + v\,\frac{\partial^2 u}{\partial y^2} \tag{3-18}$$

与二维稳态的 Navier-Stokes 方程相比,上述运动微分方程的特点是:①在 u 方程中略去了主流方向的二阶导数项;② 略去了关于速度 v 的动量方程;③ 认为边界层中 $\frac{\partial p}{\partial y} = 0$,因而式(3-18)中已用 $\frac{\mathrm{d}p}{\mathrm{d}x}$ 代替了 $\frac{\partial p}{\partial x}$。

这里应指出,边界层类型的流动仅当流体不脱离固体表面时才存在。因此,对于图 3-3(b)所示的在圆柱后半周出现的脱体流动(流体离开固体表面而形成漩涡),边界层的概念不再适用,应当采用完全的 Navier-Stokes 方程来描述。在流动边界层概念的基础上,下面把边界层的概念推广到对流传热流体的温度场中,并导出边界层能量微分方程。

3.3.2　热边界层及热边界层能量方程

1. 热边界层及厚度定义

在对流传热条件下,主流与壁面之间存在着温度差。实验观察发现,在壁面附近的一个薄层内,流体温度在壁面的法线方向上发生剧烈的变化,而在此薄层之外,流体的温度梯度几乎等于零。将固体表面附近流体温度发生剧烈变化的这一薄层称为温度边界层或热边界层,其厚度记为 δ_t。对于外掠平板的对流传热,一般以过余温度为来流过余温度的 99% 处定义为 δ_t 的外边界,而且除液态金属及高黏性的流体外,热边界层的厚度 δ_t 在数量级上是个与流动边界层厚度 δ 相当的小量。于是对流传热问题的温度场也可区分为两个区域:热边界层区与主流区。在主流区流体中的温度变化率可视为零。这样就把要研究热量传递的区域集中到热边界层之内。图 3-6 示意性地画出了固体表面附近速度边界层及温度边界层的大致情况。

2. 热边界层内的能量方程

根据热边界层的特点,运用数量级分析的方法可以将 3.2.1 节中导出的能量方程简化,得出适用于热边界层的能量方程。

（1）数量级分析方法的基本思想

所谓数量级分析,是指通过比较方程式中的各项数量的相对大小,把数量级较大的项保留下来,而舍去数量级较小的项,实现方程式的合理化。

（2）实施方法

至于怎样确定各项的数量级,可视分析问题的性质而不同。这里采用各量在作用区间的积分平均绝对值的确定方法。例如,在速度边界层内,

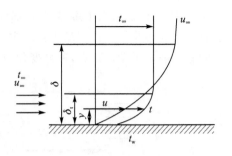

图 3-6　速度边界层与温度边界层

从壁面到 $y=\delta$ 处,主流方向流速的积分平均绝对值显然远远大于垂直主流方向的流速 v 的积分平均绝对值。因而,如果把边界层内 u 的数量级定为 1,则 v 的数量级必定是个小量,用符 δ 表示。采用这样的方法可以对能量守恒方程中有关量的数量级做出如表 3-1 所列的分析。至于导数的数量级则可将因变量及自变量的数量级代入导数的表达式而得出。例如,

$\dfrac{\partial t}{\partial \tau}$ 的数量级为 $\dfrac{1}{1}=1$,而 $\dfrac{\partial}{\partial y}\left(\dfrac{\partial t}{\partial y}\right)$ 的数量级则为 $(1/\delta)/\delta=\dfrac{1}{\delta^2}$。

表 3-1　温度边界层中物理量的数量级

变　量	x（主流方向坐标）	y	u	v	t
变量级	1	δ	1	δ	1

（3）二维稳态能量方程的分析结果

利用表 3-1 所列的数量级,边界层中二维稳态能量方程的各导数项的数量级可分析如下:

$$u\,\frac{\partial t}{\partial x}+v\,\frac{\partial t}{\partial y}=a\left[\frac{\partial}{\partial x}\left(\frac{\partial t}{\partial x}\right)+\frac{\partial}{\partial y}\left(\frac{\partial t}{\partial y}\right)\right] \qquad (3-19)$$

数量级　　　　$1\,\dfrac{1}{1}$　　$\delta\left(\dfrac{1}{\delta}\right)$　　$\left(\dfrac{1}{1}\right)/1$　　$\left(\dfrac{1}{\delta}\right)/\delta$

将扩散项中的热扩散率考虑在内,有

$$1\qquad 1\qquad a\qquad \frac{a}{\delta^2}$$

上述结果表明:① 要使等号前后的项有相同的数量级,热扩散率 a 必须具有 δ^2 的数量级。实际上,除液态金属外的流体都满足这一分析。② 等号后方括号内的两个项中,$\dfrac{\partial^2 t}{\partial x^2}\ll\dfrac{\partial^2 t}{\partial y^2}$,因而可以把主流方向的二阶导数项 $\dfrac{\partial^2 t}{\partial x^2}$ 略去。于是得到二维、稳态、无内热源的边界层能量方程为

$$u\,\frac{\partial t}{\partial x}+v\,\frac{\partial t}{\partial y}=a\,\frac{\partial^2 t}{\partial y^2} \qquad (3-20)$$

3.3.3　二维、稳态边界层型对流传热问题的数学描述

边界层类型问题是指在主流方向上的二阶导数可以忽略的问题,如图 3-3(a)流体外掠

平板的对流传热及图 3 - 3(b)所示圆柱前半部分流体中没有漩涡产生部分的对流传热。当流体中有涡旋产生时,流场与温度场必须用完全的 Navier-Stokes 方程及能量方程描写。

对于二维、稳态、无内热源的边界层类型问题,流场与温度场的控制方程式为

质量守恒方程:

$$\frac{\partial u}{\partial x} + \frac{\partial v}{\partial y} = 0 \tag{3-21}$$

动量守恒方程:

$$u\frac{\partial u}{\partial x} + v\frac{\partial u}{\partial y} = -\frac{1}{\rho}\frac{\partial p}{\partial x} + \nu\frac{\partial^2 u}{\partial y^2} \tag{3-22}$$

能量守恒方程:

$$u\frac{\partial t}{\partial x} + v\frac{\partial t}{\partial y} = a\frac{\partial^2 t}{\partial y^2} \tag{3-23}$$

注意,式(3 - 22)中 $\frac{\partial p}{\partial x}$ 是已知量,它可以由边界层外理想流体的伯努利方程确定。这样,3 个方程包括三个未知数 u、v、t,方程组是封闭的。

对上述微分方程组配上定解条件即可求解。对于主流场是匀速 u_∞、均温 t_∞,并给定恒定壁温,即 $y=0$ 时 $t=t_w$ 的问题,定解条件可表示为

$$y=0 \text{ 时} \qquad u=0, v=0, t=t_w$$
$$y\rightarrow\infty \text{ 时} \qquad u\rightarrow u_\infty, t\rightarrow t_\infty$$

值得指出,对于这类的边界层类型问题,当存在由于黏性耗散而产生的内热源时,则根据边界层型问题的特点及式(3 - 13),此时内热源强度可简化为

$$\dot{\Phi}(x,y) = \eta\left(\frac{\partial u}{\partial y}\right)^2 \tag{3-24}$$

这里 y 为垂直于固体表面的坐标。当用高黏度的油类来润滑滚珠轴承时,油中的摩擦生热就是属于这种情形。

3.4　流体外掠平板传热层流分析解及比拟理论

3.4.1　流体外掠等温平板传热的层流分析解

对图 3 - 3(a)所示的情形,假设平板表面温度为常数,在边界层动量方程中引入 $\mathrm{d}p/\mathrm{d}x=0$ 的条件,可以解出层流时截面上速度场及温度场的分析解,进而得出以下结果:

离开前缘 x 处边界层厚度为

$$\frac{\delta}{x} = \frac{5.0}{\sqrt{Re_x}} \tag{3-25}$$

范宁(Fanning)局部摩擦系数为

$$c_f = \frac{\tau_w}{\frac{1}{2}\rho u_\infty^2} = \frac{0.664}{\sqrt{Re_x}} \tag{3-26}$$

流动边界层与热边界层厚度之比为

$$\frac{\delta}{\delta_{\mathrm{t}}} \cong Pr^{1/3} \qquad (3-27)$$

局部表面传热系数为

$$h_x = 0.332 \frac{\lambda}{x} (Re_x)^{1/2} (Pr)^{1/3} \qquad (3-28)$$

式中，Re_x 是以 x 为特征长度的雷诺数，$Pr = v/a$ 称为普朗特数。

3.4.2 特征数方程

式(3-28)可以改写为

$$\frac{h_x x}{\lambda} = 0.332 Re_x^{1/2} Pr^{1/3} \qquad (3-29)$$

此式等号后面是两个无量纲数，显然等号前也必为无量纲数，称为努塞尔数，记为 Nu，下标 x 表示以当地几何尺度为特征长度。于是流体外掠等温平板层流换热的分析解可以表示为

$$Nu_x = 0.332 Re_x^{1/2} Pr^{1/3} \qquad (3-30)$$

这种以特征数表示的对流传热计算关系式称为特征数方程，习惯上又称关联式或准则方程。获得不同换热条件下的特征数方程是研究对流传热的根本任务。

为了得到整个平板的对流传热系数，对上面所讨论的情形，计算不同 x 处的局部传热系数时所用的温差都是 $(t_{\mathrm{w}} - t_{\infty})$（假定平板加热流体），因此可以直接将式(3-30)对从 0 到 l 做积分，可得

$$Nu_l = 0.664 Re_l^{1/2} Pr^{1/3} \qquad (3-31)$$

式中，Nu_l，Re_l 表示两个特征数中的特征长度是平板的全长 l。在应用式(3-28)～式(3-31)进行具体计算时，由于流体的物理性质都与温度有关，因此会遇到采用什么温度确定流体的物性问题。这种用以确定特征数中流体物性的温度称为定性温度。对于边界层类型的对流传热，规定采用边界层中流体的平均温度，即 $t_{\mathrm{m}} = (t_{\mathrm{w}} + t_{\infty})/2$，作为定性温度。式(3-31)在 $Re \leqslant 2 \times 10^5$ 的范围内与对空气进行的实验结果符合良好（见图3.7）。值得指出，在一般的传热学文献中，都把 $Re \leqslant 2 \times 10^5$ 作为边界层流动进入湍流的标志（称为临界雷诺数，记为 Re_c），而且式(3-28)～式(3-31)的使用范围也近似地延拓到 $Re = 5 \times 10^5$。

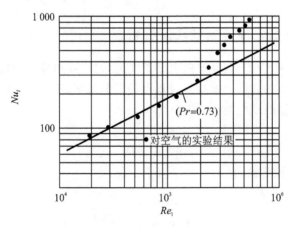

图 3-7 实验结果对比

3.4.3　普朗特数的物理意义

对于外掠平板的层流换热,式(3-27)表明,普朗特数表征了流动边界层与热边界层的相对大小。下面进一步从控制方程的角度来分析得出这一结果的定性依据。为此,考虑一个掠过平板的强制对流传热问题。在这类强制对流中,重力场可忽略不计,且压力梯度为零,于是式(3-22)简化为

$$u\,\frac{\partial u}{\partial x}+v\,\frac{\partial u}{\partial y}=\nu\,\frac{\partial^2 u}{\partial y^2} \tag{3-32}$$

将此式与边界层能量守恒方程式(3-23)相比,发现它们在形式上是完全类似的。只要 $\nu=a$,且 u 与 t 具有相同的边界条件,例如 $y=0$ 时,$t=t_w$,$u=u_w$,则式(3-23)与式(3-32)具有相同的无量纲形式的解,即 $\dfrac{u-u_w}{u_\infty-u_w}$ 与 $\dfrac{t-t_w}{t_\infty-t_w}$ 的分布完全相同。换句话说,当 $\nu/a=1$ 时,如果热边界层厚度的定义与流动边界层厚度的定义相同(例如均采取来流过余的 99% 的位置作为边界层的外边界),则有 $\delta_t=\delta$。可见比值 ν/a 可以表征热边界层与流动边界层的相对厚度。这一比值 $\nu/a=c_p\eta/\lambda$ 即为 Pr,它反映了流体中动量扩散与热扩散能力的对比。除液态金属的 Pr 为 0.01 的数量级外,常用流体的 Pr 在 0.6~4 000 之间,例如各种气体的 Pr 大致在 0.6~0.7。流体的运动黏性反映了流体中由于分子运动而扩散动量的能力。这一能力越大,黏性的影响传递得越远,因而流动边界层越厚。可以对热扩散率做出类似的讨论。因而 ν 与 a 的比值,即 Pr,反映了流动边界层与热边界层厚度的相对大小。在液态金属中,流动边界层厚度远小于热边界层厚度;对空气,两者大致相等;而对高 Pr 的油类(Pr 在 $10^2\sim10^3$ 数量级),则速度边界层的厚度远大于热边界层的厚度(见图 3-8)。

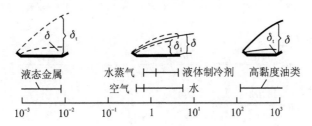

图 3-8　液体普朗特数变化范围

3.4.4　比拟理论的基本思想

比拟理论是指利用两个不同物理现象之间在控制方程方面的类似性,通过测定其中一种现象的规律而获得另一种现象基本关系的方法。例如,在湍流对流传热的研究过程中,历史上就曾经通过比较容易测定的湍流阻力来推得湍流对流传热关联式。下面首先对湍流中由脉动产生的动量与热量交换做简要说明,然后以流体外掠平板为例从控制方程出发来说明比拟理论的依据。

当流体作湍流运动时,除了主流方向的运动外,流体中的微团还作不规则的脉动。因此,当流体中一个微团从一个位置脉动到另一个位置时将产生两个作用:① 不同流速层之间有附加的动量交换,产生了附加的切应力;② 不同温度层之间的流体产生附加的热量交换。这种由于湍流脉动而产生的附加切应力及热量传递称为湍流切应力及湍流热流密度。既然湍流中

的附加切应力及热流密度都是由于流体微团的脉动所致,所以湍流中的热量传递与流动阻力之间一定存在内在的联系。比拟理论试图通过较易测定的阻力系数来获得相应的换热 Nu 的表达式。

假定由于微团脉动所造成的切应力可采用类似于分子扩散所引起的切应力那样的计算公式:

$$\tau = \tau_l + \tau_t = \rho \nu \frac{du}{dy} + \rho \nu_t \frac{du}{dy} = \rho (\nu + \nu_t) \frac{du}{dy} \tag{3-33}$$

类似的

$$q = q_l + q_t = -\left(\rho c_p a \frac{dt}{dy} + \rho c_p a_t \frac{dt}{dy}\right) = -\rho c_p (a + a_t) \frac{dt}{dy} \tag{3-34}$$

在以上两式中,u、t 均为时间平均值;ν_t、a_t 分别为湍流动量扩散率及湍流热扩散率,且其量纲分别与 ν 及 a 相同。

可以证明,对于层流边界层动量方程及能量方程,及式(3-22)、式(3-23),只要以时均值代替瞬时值,以 $(\nu+\nu_t)$ 及 $(a+a_t)$ 代替 ν 及 a,则它们也适用于湍流边界层的情形,即湍流边界层动量方程与能量方程为

$$u \frac{\partial u}{\partial x} + v \frac{\partial u}{\partial y} = (\nu + \nu_t) \frac{\partial^2 u}{\partial y^2} \tag{3-35}$$

$$u \frac{\partial t}{\partial x} + v \frac{\partial t}{\partial y} = (a + a_t) \frac{\partial^2 t}{\partial y^2} \tag{3-36}$$

引入下列无量纲量:

$$x^* = x/l, \qquad y^* = y/l, \qquad u^* = u/u_\infty, \qquad v^* = v/u_\infty, \qquad \Theta = \frac{t - t_w}{t_\infty - t_w}$$

则有

$$u^* \frac{\partial u^*}{\partial x^*} + v^* \frac{\partial u^*}{\partial y^*} = \frac{1}{u_\infty l} (\nu + \nu_t) \frac{\partial^2 u^*}{(\partial y^*)^2} \tag{3-37}$$

$$u^* \frac{\partial \Theta}{\partial x^*} + v^* \frac{\partial \Theta}{\partial y^*} = \frac{1}{u_\infty l} (a + a_t) \frac{\partial^2 \Theta}{(\partial y^*)^2} \tag{3-38}$$

边界条件为

$$y^* = 0, \qquad u^* = 0, \qquad v^* = 0, \qquad \Theta = 0 \tag{3-39}$$

$$y^* = \delta/e, \qquad u^* = 1, \qquad v^* = v_\delta/u_\infty, \qquad \Theta = 1 \tag{3-40}$$

由于湍流附加切应力及热流密度均由脉动所致,因此可以假定 $\nu_t = a_t$ 即 $\nu_t/a_t = Pr_t = 1$,这里 Pr_t 为湍流 Pr。虽然近年来的实验测定表明,在实际流动与换热中 Pr_t 之值还与其他因素有关,一般在 $1.0 \sim 1.6$ 范围内,但 $Pr_t = 1$ 还是可以作为一个较好的近似假定。如果 $Pr = 1$,则 $\delta = \delta_t$,于是,由式(3-37)、式(3-39)、式(3-40)及式(3-38)、式(3-39)、式(3-40)所描述的两个问题完全等价,即 u^* 与 Θ 应该有相同的解。下面就在 $Pr = 1$ 的条件下进一步开展讨论。显然,此时应有

$$\frac{\partial u^*}{\partial y^*} \Big|_{y^*=0} = \frac{\partial \Theta}{\partial y^*} \Big|_{y^*=0}$$

而

$$\left.\frac{\partial u^*}{\partial y^*}\right|_{y^*=0} = \left.\frac{\partial (u/u_\infty)}{\partial (y/l)}\right|_{y=0} = \left(\frac{\partial u}{\partial y}\right)_{y=0} \frac{l}{u_\infty} = \eta \left(\frac{\partial u}{\partial y}\right)_{y=0} \frac{l}{\mu u_\infty} == \tau_{\mathrm{w}} \frac{1}{\frac{1}{2}\rho u_\infty^2} \frac{\rho u_\infty l}{2\eta} = c_f \frac{Re}{2}$$

$$\left.\frac{\partial \Theta}{\partial y^*}\right|_{y^*=0} = \left.\frac{\partial \left(\dfrac{t - t_{\mathrm{w}}}{t_\infty - t_{\mathrm{w}}}\right)}{\partial (y/l)}\right|_{y=0} = -\lambda \left(\frac{\partial t}{\partial y}\right)_{y=0} \frac{-l}{(t_\infty - t_{\mathrm{w}})\lambda} = \frac{q}{t_{\mathrm{w}} - t_\infty} \frac{l}{\lambda} = Nu$$

因此,上述分析给出了任意一个 $x = l$ 处的局部阻力系数 c_f 及努塞尔数 Nu_x 的关系。按以前采用的符号,Nu_x 可以表示为

$$Nu_x = \frac{c_f}{2} Re_x \qquad\qquad (3-41)$$

3.4.5　比拟理论的应用

式(3-41)表明,如果能通过实验确定湍流阻力系数 c_f 的计算公式,则相应的换热关联式就可得出。对平板上湍流边界层阻力系数测定得出了以下阻力系数计算式:

$$c_f = 0.0592 Re_x^{-1/5}, \qquad Re_x \leqslant 10^7 \qquad\qquad (3-42)$$

将式(3-42)代入式(3-41)就得到 $Pr_t = 1$ 时局部努塞尔数的计算公式,即

$$Nu_x = 0.029\,6 Re_x^{4/5} \qquad\qquad (3-43)$$

式(3-43)称为雷诺比拟,它仅在 $Pr_t = 1$ 时才成立。此后由契尔顿(Chilton)及柯尔本(Colburn)对式(3-43)进行了修正,提出来修正雷诺比拟,又称 Chilton-Colburn 比拟,其表达式如下:

$$\frac{c_f}{2} = St \cdot Pr^{2/3} = j, \qquad 0.6 < Pr < 60 \qquad\qquad (3-44)$$

式中,St 称为斯坦顿数(Stanton),其定义为

$$St = \frac{Nu}{Re \cdot Pr} \qquad\qquad (3-45)$$

式(3-44)中的 j 称为 j 因子,在制冷、低温工业的换热器设计中应用较广。对流传热的特征数方程也常常表示成 j 因子的计算式。显然,如果把式(3-42)代入式(3-44),就可以得到式(3-43)所示的结果。

当平板长度 l 大于临界长度 x_c 时平板上的边界层就可以看成由层流段($x < x_c$)及湍流段($x > x_c$)组成。因此,对于 $Re > 5 \times 10^5$ 的外掠平板等温平板的流动,整个平板的平均表面传热系数 h_{m} 应为

$$h_{\mathrm{m}} = \frac{\lambda}{l} \left[0.332 \left(\frac{u_\infty}{\nu}\right)^{1/2} \int_0^{x_c} \frac{\mathrm{d}x}{x^{1/2}} + 0.029\,6 \left(\frac{u_\infty}{\nu}\right)^{4/5} \int_{x_c}^{l} \frac{\mathrm{d}x}{x^{1/5}} \right] Pr^{1/3}$$

积分后可得

$$Nu_{\mathrm{m}} = \left[0.664\,Re_c^{1/2} + 0.037(Re^{4/5} - Re_c^{4/5}) \right] Pr^{1/3} \qquad\qquad (3-46)$$

式中,Re_c 为临界雷诺数。如 $Re_c = 5 \times 10^5$,则式(3-46)化为

$$Nu_{\mathrm{m}} = (0.037\,Re^{4/5} - 871) Pr^{1/3} \qquad\qquad (3-47)$$

式(3-46)及式(3-47)中的 Re 是以平板全长 l 为特征长度的雷诺数。

例题 3-1 压力为大气压的 20 ℃的空气,纵向流过一块长 320 mm、温度为 40 ℃的平板,流速为 10 m/s。求离平板前缘 50 mm、100 mm、150 mm、200 mm、250 mm、300 mm、320 mm 处的流动边界层和热边界层的厚度。

解:

假设: 流动处于稳态。

计算: 空气的物性参数按板表面温度和空气温度的平均值 30 ℃确定。30 ℃时空气的 $\nu = 16 \times 10^{-6} \, \mathrm{m^2/s}, Pr = 0.071$。对长 320 mm 平板而言,有

$$Re = \frac{ul}{\nu} = \frac{10 \, \mathrm{m/s} \times 0.32 \, \mathrm{m}}{16 \times 10^{-6} \, \mathrm{m^2/s}} = 2 \times 10^5$$

流动边界层厚度为

$$\delta = 5.0 \sqrt{\frac{\nu x}{u_\infty}} = 5.0 \times \sqrt{\frac{16 \times 10^{-6} \, \mathrm{m^2/s}}{10 \mathrm{m/s}}} \sqrt{x}$$

$$= 6.36 \times 10^{-3} \, \mathrm{m^{1/2}} \sqrt{x}$$

$$= 0.0636 \, \mathrm{cm^{1/2}} \sqrt{x}$$

热边界层厚度为

$$\delta_t = \frac{\delta}{\sqrt[3]{Pr}} = \frac{\delta}{\sqrt[3]{0.701}} = 1.13\delta$$

δ 及 δ_t 的计算结果如图 3-9 所示。

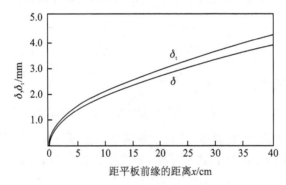

图 3-9 δ 与 δ_t 沿平板长度变化

例题 3-2 上例中,如平板的宽度为 1 m,求平板与空气的换热量。

解:

假设:(1)流动处于稳态;(2)不记平板的辐射散热。

先计算平板的平均表面传热系数:

$$Nu = 0.664 Re^{1/2} Pr^{1/3} = 0.664 \times (2.0 \times 10^5)^{1/2} \times 0.701^{1/3} = 263.7$$

$$h = \frac{\lambda}{l} Nu = \frac{2.67 \times 10^{-2} \, \mathrm{W/(m \cdot K)}}{0.32 \, \mathrm{m}} \times 263.7 = 22.0 \, \mathrm{W/(m^2 \cdot K)}$$

式中,$\lambda = 2.67 \times 10^{-2} \, \mathrm{W/(m \cdot K)}$,是 30 ℃时空气的导热系数。平板与空气的换热量为

$$\Phi = hA\Delta t = 22.0 \, \mathrm{W/(m^2 \cdot K)} \times 1 \, \mathrm{m} \times 0.32 \, \mathrm{m} \times (40 \, ℃ - 20 \, ℃) = 140.8 \, \mathrm{W}$$

3.5　相似原理与量纲分析

相似原理与量纲分析的理论形成于 19 世纪末到 20 世纪初。由于对流传热的影响因素很多,例如式(3-1)所表示的管内对流传热的平均表面传热系数受到 6 个因素的影响,按照常规的实验方法每个变量各变化 10 次,其他 5 个参数保持不变,共需要进行一百万次(10^6)实验。如何减少实验次数又能获得具有通用性的规律就成为急需解决的问题,相似原理及量纲分析就是在这样的工业发展背景下产生的。

3.5.1　物理现象相似的定义

如果两个图形的对应边一一成比例,对应角相等,则称两个图形几何相似。对于两个相似的图形,其中任何一个都可以看成是另一个图形的按比例缩小或者放大的结果,故可将相似的概念推广到物理现象中去。对于两个同类的物理现象,如果在相应的时刻及相应的地点上与现象有关的物理量一一对应成比例,则称此两现象彼此相似。需要特别指出的是:

(1) 相似原理所研究的是同类的物理现象相似关系。所谓同类现象,是指那些由相同形式并具有相同内容的微分方程式所描写的现象。描写电场与导热物体的温度场的微分方程虽然形式相仿,但内容不同,因此不是同类现象。电场与温度场之间只有"类比"或者"比拟",但不存在相似。同样,微分方程式(3-35)与式(3-36)虽然形式相同,但内容不同,因此速度场与温度场之间也只能比拟,不存在相似。

(2) 与现象有关的物理量要一一对应成比例。一个物理现象中可能有多个物理量,例如对流传热除了时间与空间外还涉及速度、温度,流体的物理性质等。两个对流传热现象相似要求这些量各自对应成比例,也就是每个物理量各自相似。

(3) 对非稳态问题,要求在相应的时刻各物理量的空间分布相似。

与几何相似的图形都可以看成是另一个图形按比例缩小或者放大类似,凡是相似的物理现象,其物理量的场一定可以用一个统一的无量纲的场来表示。两个圆管内的层流充分发展的流动是两个相似的流动现象,其截面上速度分布可以用一个统一的无量纲场 $u/u_{\max} \sim r/r_0$ 来表示,如图 3-10 所示。

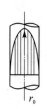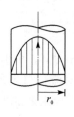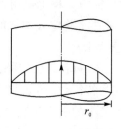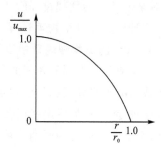

图 3-10　圆管内层流充分发展流动的速度分布

3.5.2 相似原理的基本内容

1. 相似物理现象间的重要特性——同名相似特征数相等

凡是彼此相似的现象,都有一个十分重要的特性,即描写该现象的同名特征数(准则数)对应相等。现以流体与固体表面间的对流传热现象来说明。如图 3 - 11 所示,在固体壁面上按牛顿冷却定律定义的 h 与流体中的温度场有如下关系:

$$h(t_w - t_f) = -\lambda \left(\frac{\partial t}{\partial y} \right) \Big|_{y=0} \quad (3-48)$$

现在以 $t_w - t_f$ 作为温度的标尺,以换热面的某一特征性尺寸 l 作为长度标尺,把式(3-48)无量纲化,有

$$\frac{hl}{\lambda} = \frac{\partial \left[(t_w - t)/(t_w - t_f) \right]}{\partial (y/l)} \Big|_{y=0} \quad (3-49)$$

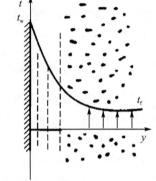

图 3 - 11 壁面附近流体温度的分布

按前述相似现象的定义,其物理量纲的同名物理量的场是相同的,其无量纲的梯度也相等。式(3-49)等号右端是无量纲温度场在壁面上的梯度,因而对两个相似的对流传热现象 1 与 2 应有

$$\left(\frac{hl}{\lambda} \right)_1 = \left(\frac{hl}{\lambda} \right)_2 \quad (3-50)$$

我们知道,$\frac{hl}{\lambda}$ 为 Nu,因而相似的对流传热现象的 Nu 相等,即 $Nu_1 = Nu_2$。

2. 同一类现象中相似特征数的数量及其间的关系

已知一个物理现象中的各个物理量不是单个独立的,而是与其他物理量之间相互影响、相互制约的。在相似原理与量纲分析理论中有一条 π 定理表述了无量纲特征数之间的这种关系,其内容如下:

一个表示 n 个物理量间关系的量纲一致的方程式,一定可以转换成包含 $n - r$ 个独立的无量纲物理量群间的关系式。r 是 n 个物理量中所涉及的基本量纲的数目。

显然,对于彼此相似的物理现象,这个无量纲数群(相似特征数群)间的关系都相同。因此,对某个具体的物理过程所获得的特征数方程也适用于所有其他与之相似的同类物理现象。将 π 定理应用于某个物理过程时,关键在于确定 n 与 r 的数值。

3. 两个同类物理现象相似的充要条件

判断两个同类现象相似的条件是:① 同名的已定特征数相等;② 单值性条件相似。已定特征数是由所研究问题的已知量组成的特征数,例如,在研究对流传热现象时,Re 及 Pr 是已定特征数,而 Nu 为待定特征数,因为其中的表面传热系数是需要求解的未知量。所谓单值性条件,是指使所研究的问题能被唯一地确定下来的条件,它包括:

① 初始条件。指非稳态问题中初始时刻的物理量的分布。稳态问题不需要这一条件。

② 边界条件。所研究系统边界上的温度(或热流密度)、速度分布等条件。

③ 几何条件。换热表面的几何形状、位置以及表面的粗糙程度等。

④ 物理条件。物体的种类与特性。

值得指出,实质上,这里的单值性条件与分析解法中数学描写的定解条件是一致的,只是

在相似原理中,为了强调各个与现象有关的量之间的相似性,特别增加了几何条件与物理条件两项。而在数学求解的定解条件中,须给定所求解问题的几何条件与物理条件。

3.5.3　导出相似特征数的两种方法

1. 相似分析法(方程分析法)

已知一个物理现象中的各个物理量不是单个独立地起作用的,而是与其他物理量之间相互影响、相互制约的。描写该物理现象的微分方程组及定解条件就给出了这种相互影响与制约所应满足的基本关系。下面以一维非稳态导热问题为例来进一步说明各无量纲数间的相互关系。

以过余温度为求解变量的常物性、无内热源、第三类边界条件的一维非稳态导热问题(见图 3-12)的数学描写为

$$\frac{\partial \theta}{\partial \tau} = a \frac{\partial^2 \theta}{\partial x^2} \tag{3-51}$$

$$x = 0, \quad \frac{\partial \theta}{\partial x} = 0 \tag{3-52}$$

$$x = \delta, \quad -\lambda \frac{\partial \theta}{\partial x} = h\theta \tag{3-53}$$

$$\tau = 0, \quad \theta = \theta_0 \tag{3-54}$$

以 $\theta_0 = t_0 - t_\infty$ 作为温度标尺,以平板半厚 δ 作为长度标尺,以 δ^2/a 作为时间标尺,将式(3-51)~式(3-54)无量纲化,得

$$\frac{\partial (\theta/\theta_0)}{\partial \left(\dfrac{a\tau}{\delta^2}\right)} = \frac{\partial^2 (\theta/\theta_0)}{\partial (x/\delta)^2} \tag{3-55}$$

$$\frac{x}{\delta} = 0, \quad \frac{\partial (\theta/\theta_0)}{\partial (x/\delta)} = 0 \tag{3-56}$$

$$\frac{x}{\delta} = 1, \quad \frac{\partial (\theta/\theta_0)}{\partial (x/\delta)} = -\frac{h\delta}{\lambda} \frac{\theta}{\theta_0} \tag{3-57}$$

$$\frac{a\tau}{\delta^2} = 0, \quad \frac{\theta}{\theta_0} = 1 \tag{3-58}$$

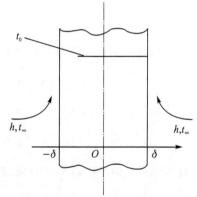

图 3-12　平板第三类边界条件

注意,式(3-57)中的无量纲数 $\dfrac{h\delta}{\lambda}$ 中的 λ 为固体的导热系数,因而这一无量纲是 Bi。把无量纲过余温度 $\dfrac{\theta}{\theta_0}$ 记为 Θ,而 $\dfrac{a\tau}{\delta^2}$ 为 Fo,因而有

$$\begin{cases} \dfrac{\partial \Theta}{\partial (Fo)} = \dfrac{\partial^2 \Theta}{\partial (x/\delta)^2} & (3-59) \\[3mm] \dfrac{x}{\delta} = 0, \quad \dfrac{\partial \Theta}{\partial (x/\delta)} = 0 & (3-60) \\[3mm] \dfrac{x}{\delta} = 1, \quad \dfrac{\partial \Theta}{\partial (x/\delta)} = -Bi\Theta & (3-61) \\[3mm] Fo = 0, \quad \Theta = 1 & (3-62) \end{cases}$$

由此可见，无量纲过余温度 Θ 的解比为 Fo、Bi 及 $\dfrac{x}{\delta}$ 的函数，即

$$\Theta = f\left(Fo, Bi, \frac{x}{\delta}\right) \tag{3-63}$$

式（3-63）表明，与一维无限大平板的非稳态导热有关的 4 个无量纲量以一定的函数形式联系在一起，而且对两个一维无限大平板的非稳态导热问题而言，只要单值性条件相似（表现为式（3-60）～式（3-62）对两个系统均成立），Fo、Bi 及 x/δ 之值对应相等（已定准则相等），则两个平板的 Θ 值必相同，即非稳态导热现象相似。

如前所述，如式（3-63）那样表示物理现象的解的无量纲量之间的函数关系式称为特征数方程。

相似分析法的另一种实施方式是，根据相似现象的基本定义——各个物理量的场对应成比例，对与过程有关的量引入两个现象之间的一系列比例系数（称相似倍数），然后应用描述该过程的一些数学关系式，导出制约这些相似倍数间的关系，从而得出相应的相似准则数。仍以图 3-12 所示的两个对流传热现象 1 与 2 为例，根据式（3-48）（用上标"′"及"″"分别代表现象 1 与 2），有

现象 1
$$h' = -\frac{\lambda'}{\Delta t'} \left. \frac{\partial t'}{\partial y'}\right|_{y'=0} \tag{3-64}$$

现象 2
$$h'' = -\frac{\lambda''}{\Delta t''} \left. \frac{\partial t''}{\partial y''}\right|_{y''=0} \tag{3-65}$$

与现象有关的各物理量场应分别相似，即

$$\frac{h'}{h''} = C_h, \quad \frac{\lambda'}{\lambda''} = C_\lambda, \quad \frac{t'}{t''} = C_t, \quad \frac{y'}{y''} = C_l \tag{3-66}$$

将式（3-66）代入式（3-64），整理后得

$$\frac{C_h C_l}{C_\lambda} h'' = -\frac{\lambda''}{\Delta t''} \left. \frac{\partial t''}{\partial y''}\right|_{y''=0} \tag{3-67}$$

比较式（3-67）和式（3-65），必然有以下关系：

$$\frac{C_h C_l}{C_\lambda} = 1 \tag{3-68}$$

式（3-68）表达了换热现象相似倍数的制约关系。再将式（3-66）代入式（3-68），即得

$$\frac{h' y'}{\lambda'} = \frac{h'' y''}{\lambda''} \tag{3-69}$$

因为习惯上用换热表面的特征长度表示几何量，且有 $\dfrac{y'}{y''} = \dfrac{l'}{l''} = C_l$，故式（3-69）可改写为

$$\frac{h' l'}{\lambda'} = \frac{h'' l''}{\lambda''}$$

即

$$\left(\frac{hl}{\lambda}\right)_1 = \left(\frac{hl}{\lambda}\right)_2$$

这是式（3-50）所得的结果。

采用相似分析，从动量微分方程式（3-22）可导出

$$\frac{u' l'}{\nu'} = \frac{u'' l''}{\nu''}$$

即 $Re' = Re''$。

这说明，若传热量传递现象相似，其雷诺数 Re 必相等。

同理，从能量微分方程(3-23)可以导出

$$\frac{u'l'}{a'} = \frac{u''l''}{a''} \tag{3-70}$$

则 $Pe' = Pe''$，这说明，若热量传递现象相似，其贝克来(Peclet)数 Pe 一定相等。Pe 可分解为下列形式：

$$Pe = \frac{\nu}{a} \cdot \frac{ul}{\nu} = Pr \cdot Re$$

$Pr = \nu/a$ 即为 Pr。

对于自然对流流动，动量微分方程式(3-22)等号右侧须增加体积力项。体积力与压力梯度合并成浮升力，即

$$浮升力 = (\rho_\infty - \rho)g = \rho \alpha_V \theta g$$

式中，α_V 为流体的体膨胀系数，K^{-1}；g 为重力加速度，m/s^2；θ 为过余温度，$\theta = t - t_\infty$，$℃$。

改写后适用于自然对流的动量微分方程为

$$u\frac{\partial u}{\partial x} + \nu\frac{\partial u}{\partial y} = g\alpha_V\theta + \nu\frac{\partial^2 u}{\partial y^2} \tag{3-71}$$

对此式进行相似分析，可得出一个新的无量纲量，即

$$Gr = \frac{g\alpha_V \Delta t l^3}{\nu^2}$$

式中，Gr 称为格拉晓夫(Grashof)数，$\Delta t = t_w - t_\infty$。

以上导得的 Re，Pr，Nu，Gr 是研究稳态无相变对流传热问题常用的特征数。这些特征数反映了物理量间的内在联系，都具有一定的物理意义。

2. 量纲分析法

基本依据：π 定理，即一个表示 n 个物理量间关系的量纲一致的方程式，一定可以转换为包含 $(n-r)$ 个独立的无量纲物理量群间的关系，r 指基本量纲的数目。

以单相介质管内对流传热问题为例，应用量纲分析法来导出其有关的无量纲量。对式(3-1)，$h = f(u, d, \lambda, \eta, \rho, c_p)$，应用量纲分析法获得管内对流传热特征数的步骤如下：

(1) 找出组成与本问题有关的各物理量量纲中的基本量的量纲。

本例有 7 个物理量，它们的量纲均由 4 个基本量的量纲——时间的量纲 T、长度的量纲 L、质量的量纲 M 及温度的量纲 Θ 组成，即 $n=7$，$r=4$，故可以组成 3 个无量纲量。同时，选定 4 个物理量作为基本物理量，该基本物理量的量纲必须包括上述 4 个基本量的量纲。本例中取 u，d，λ，η 为基本物理量。

(2) 将基本量逐一与其余各量组成无量纲量。

无量纲量总采用幂指数形式表示，其中指数值待定。用字母 π 表示无量纲量，对本例则有

$$\pi_1 = hu^{a_1}d^{b_1}\lambda^{c_1}\eta^{d_1} \tag{3-72}$$

$$\pi_2 = \rho u^{a_2}d^{b_2}\lambda^{c_2}\eta^{d_2} \tag{3-73}$$

$$\pi_3 = c_p u^{a_3}d^{b_3}\lambda^{c_3}\eta^{d_3} \tag{3-74}$$

（3）应用量纲和谐原理来决定上述待定指数 $a_1 \sim a_3$ 等。

以 π_1 为例可列出各物理量的量纲如下：

$\dim h = M\Theta^{-1}T^{-3}$, $\dim d = L$, $\dim \lambda = ML\Theta^{-1}T^{-3}$, $\dim \eta = ML^{-1}T^{-1}$, $\dim u = LT^{-1}$

将上述结果代入式（3-72），并将量纲相同的项归并到一起，得

$$\dim\pi_1 = L^{a_1+b_1+c_1-d_1} M^{c_1+d_1+1} \Theta^{-1-c_1} T^{-a_1-d_1-3c_1-3}$$

上式等号左边的 π_1 为无量纲量，因而等号右边各量纲的指数必为零（量纲和谐原理）故得

$$\left.\begin{array}{l} a_1 + b_1 + c_1 - d_1 = 0 \\ c_1 + d_1 + 1 = 0 \\ -1 - c_1 = 0 \\ -a_1 - d_1 - 3c_1 - 3 = 0 \end{array}\right\}$$

由此得 $b_1 = 1, d_1 = 0, c_1 = -1, a_1 = 0$。故有

$$\pi_1 = hu^0 d^1 \lambda^{-1}\eta = \frac{hd}{\lambda} = Nu$$

$$\pi_2 = \frac{\rho u d}{\eta} = Re$$

$$\pi_3 = \frac{\eta c_p}{\lambda} = Pr$$

π_1 及 π_2 分别是管子内径为特征长度的 Nu 及 Re。至此，式（3-1）可转化为

$$Nu = f(Re, Pr) \tag{3-75}$$

3.6 相似原理的应用

3.6.1 应用相似原理指导实验的安排及实验数据的整理

1. 按相似原理来安排与整理实验数据时，个别实验得出的结果已上升到代表整个相似组的地位

相似原理在传热学中的一个重要应用是指导试验的安排及试验数据的整理。按相似原理，对流传热的试验数据应当表示成相似准则数之间的函数关系，同时也应当以相似准则数作为安排试验的依据。以管内单相强制对流传热为例，由 3.5 节的分析知道，Nu 与 Re 及 Pr 有关，即 $Nu = f(Re, Pr)$，因此应当以 Re 及 Pr 作为试验中区别不同工况的变量，而以 Nu 为因变量。这样，如果每个变量改变 10 次，则总共仅需做 10^2 次试验，而不是以单个物理量作变量时的 10^6 次。那么，为什么按相似准则数安排实验能这样大幅度地减少试验次数，又能得出具有一定通用性的实验结果呢？这是因为，按相似准则数来安排试验时，个别试验所得出的结果已上升到了代表整个相似组的地位，从而使试验次数可以大为减少，而所得的结果却有一定通用性（代表了该相似组）。如对空气（$Pr = 0.7$）在管内的强制对流传热进行实验测定得出了这样一个结果：对于流速 $u = 10.5\text{m/s}$、直径 $d = 0.1\text{m}$、运动黏度 $\nu = 16 \times 10^{-6}\,\text{m}^2/\text{s}$、平均表面传热系数 $h = 36.9\,\text{W/(m}^2\cdot\text{K)}$、流体导热系数 $\lambda = 0.025\,9\,\text{W/(m}\cdot\text{K)}$ 的工况，计算得

$$Re = \frac{ul}{\nu} = \frac{10.5 \text{ m/s} \times 0.1 \text{ m}}{16 \times 10^{-6} \text{ m}^2/\text{s}} = 6.56 \times 10^4$$

$$Nu = \frac{hd}{\lambda} = 142.5$$

因此,只要 $Pr = 0.7$, $Re = 6.56 \times 10^{-4}$,圆管内湍流强制对流传热的 Nu 总等于 142.5。而 $Re = 6.56 \times 10^4$ 一种工况可以由许多种不同的流速及直径的组合来达到,上述实验结果即代表了这样一个相似组。

2. 特征数方程(实验关联式)的常用形式

相似原理虽然原则上阐明了实验结果应整理成准则间的关联式,但具体的函数形式以及定性温度和特征长度的确定,则带有经验的性质。

在对流传热研究中,以已定准则的幂函数形式整理实验数据的实用方法取得很大的成功,如

$$Nu = CRe^n \tag{3-76}$$

$$Nu = CRe^n Pr^m \tag{3-77}$$

式中,C、n、m 等常数由实验数据确定。

这种实用关联式的形式有一个突出的优点,即它在纵、横坐标都是对数的双对数坐标图上会得到一条直线。对式(3-76)取对数就得到以下直线方程的形式:

$$\lg Nu = \lg C + n \lg Re \tag{3-78}$$

其中 n 的数值是双对数上的直线的斜率(参见图 3-13),也是直线与横坐标夹角 φ 的正切。$\lg C$ 则是当 $\lg Re = 0$ 时直线在纵坐标轴上的截距。

在式(3-77)中需要确定 C,n,m 三个常数。在实验数据的整理上可分两步进行。例如,对于管内湍流对流传热,可利用薛伍德(Sherwood)得到的同一 Re 下不同种类流体的实验数据,从图 3-14 上先确定 m 值。由式(3-77)得

$$\lg Nu = \lg C' + m \lg Pr \tag{3-79}$$

指数 m 由图 3-14 上直线的斜率确定,即

$$m = \frac{\lg 200 - \lg 40}{\lg 62 - \lg 1.15} \approx 0.4$$

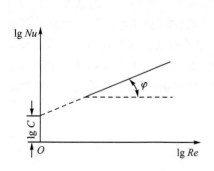

图 3-13　$Nu = CRe^n$ 双对数图图示

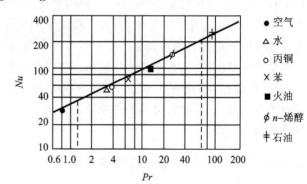

图 3-14　Re 对管内湍流强制对流传热的影响

然后再以 $\lg(Nu/Pr^{0.4})$ 为纵坐标,用不同 Re 的管内湍流传热实验数据确定 C 和 n,如图 3-15 所示。从图可得 $C = 0.023$,$n = 0.8$。于是,对于管内湍流传热,当流体被加热时

式(3-77)可具体化为

$$Nu = 0.023Re^{0.8}Pr^{0.4} \tag{3-80}$$

对于有大量实验点关联式的整理,采用最小二乘法确定关联式中各常数值是可靠的方法,实验点与关联式符合程度的常用表示方式有:大部分实验点与关联式偏差的正负百分数,例如90%的实验点偏差在±10%以内,或用全部实验点与关联式偏差绝对值的平均百分数以及最大偏差的百分数来表示等。

在对流传热的特征数方程式中,待定量表面传热系数 h 包含在 Nu 中,所以 Nu 是个待定数。对于求 h 的计算,其他特征数都是已定数。

式(3-76)与式(3-77)是传热学文献中应用最广的一种实验数据整理形式。当实验的 Re 范围相当宽时,其指数 n 常随 Re 的范围的变动而变化,这时可采用分段常数的处理方法。

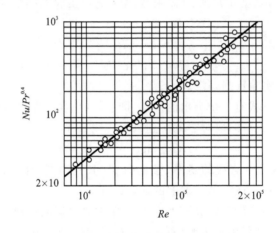

图 3-15 管内湍流强制对流传热的实验结果

3.6.2 应用相似原理指导模化实验

相似原理的另一个重要应用是指导模化实验。所谓模化实验,是指用不同于实物几何尺度的模型(在大多数情况下是缩小的模型)来研究实际装置中所进行的试验。显然,要使模型中的试验结果能应用到实物中去,应使模型中的过程与实际装置中的相似。这就要求实际装置及模型中所进行的物理现象的单值性条件相似,已定特征数(准则)相等。但要严格做到这一点常常是很困难的,甚至是不可能的。以对流传热为例,单值性条件相似包括了流体物性场的相似,即模型与实物的对应点上流体的物性分布相似。例如,对稳态的对流传热相似的要求可减少为流场几何相似、边界条件相似、Re 相等、Pr 相等,物性场的相似则通过引入定性温度来近似地实现。

3.6.3 运用特征数方程的注意事项

在使用特征数方程时应注意以下三个问题:

1. 特征长度应该按准则式规定的方式选取

前已指出,包括在相似准则数中的几何尺度称为特征长度,例如 Re、Nu、Bi 及 Fo 中均包含特征长度。原则上,在整理试验数据时,应取所研究问题中具有代表性的尺度作为特征长度,例如管内流动时取管内径,外掠单管或管束时取管子外径等。在应用文献中已经有的特征数方程时,应该按该准则式规定的方式计算特征数。对一些较复杂的几何系统,不同准则方程可能会采用不同的特征长度,使用时应加以注意。

2. 特征速度应该按规定方式计算

计算 Re 时用到的流速称为特征速度,一般取截面平均流速,且不同的对流传热有不同的选取方式。例如流体外掠平板传热取来流速度,管内对流传热取截面平均流速等。在应用文献中已经有的特征数方程时,应该按该准则式规定的流速计算方式计算特征数。

3. 定性温度应该按准则式规定的方式选取

前面已指出,定性温度用以计算流体的物性。对同一批实验数据,定性温度不同可能使所得的准则方程也不一样。整理实验数据时定性温度的选取除应考虑实验数据对拟合公式的偏离程度外,也应照顾到工程应用的方便。常用的选取方式有:通道内部流动取进、出口截面的平均值;外部流动取边界层外的流体温度或取这一温度与壁面温度的平均值。

4. 准则方程不能任意推广到得到该方程的实验参数的范围外

这种参数范围主要有 Re 范围、Pr 范围、几何参数的范围等。

现把已遇到的相似准则数的物理意义总结在表 3-2 中。

表 3-2 常见相似准则数的物理意义

特征数名称	定义	释义
Bi	hl/λ	固体内部导热热阻与界面上换热热阻之比(λ 为固体的导热系数)
Fo	$a\tau/l^2$	非稳态过程的无量纲时间,表征过程进行的深度
Gr	$gl^3 a_V \Delta t/\nu^2$	浮升力与黏性力之比的一种量度
j 因子	$Nu/(RePr^{1/3})$	无量纲表面传热系数
Nu	hl/λ	壁面上流体的无量纲温度梯度(λ 为流体的导热系数)
Pr	$\mu c_p/\lambda = \nu/a$	动量扩散能力与热量扩散能力的一种量度
Re	$\mu l/\nu$	惯性力与黏性力之比的一种量度
St	$Nu/(RePr)$	一种修正的 Nu,或视为流体实际的换热热流密度与流体可传递的最大热流密度之比,$Nu/(RePr) = h/(\rho c_p u)$

3.6.4 对实验关联式准确性的正确认识

对流传热是一个复杂的物理过程,当有相变发生时更是如此。对于一个复杂物理过程,基本规律的认识需要经历一个较长时期的探索,因此,在传热学的发展过程中,对于同一类问题先后会提出,数以十计的实验公式,一部分公式由于当时测定条件的限制,被以后更准确的公式所替代,但不少多年前提出的实验公式在其所依据的实验数据范围内仍然使用至今。每个实验公式所造成的计算误差(error),或称为不确定度(uncertainty),常常可达 ±20% 甚至 ±25%。对于一般的工程计算,这样的不确定度是可以接受的。当需要做相当精确的计算时,可以设法选用使用范围较窄,针对所需要情形整理的专门关联式。

例题 3-3 换热设备的工作条件是:壁面温度 $t_w=120\ ℃$,加热 $t_f=80\ ℃$ 的空气,空气流速 $u=0.5\ \text{m/s}$。采用一个全盘缩小成原设备 1/5 的模型来研究它的换热情况。在模型中亦对空气加热,空气温度 $t_f' = 10\ ℃$,壁面温度 $t_w' = 30\ ℃$。试问模型中流速 u' 应多大才能保证与原设备中的换热现象相似(模型中各量用上角码"'"标明)。

解:

假设:该过程为稳态过程,被加热气体以 80 ℃ 计算其物性,模拟气体以 10 ℃ 计算其物性。模型与原设备中研究的是同类现象,单值性条件亦相似,所以只要已定准则 Re、Pr 彼此相等即可实现相似。因空气的 Pr 随温度变化不大,可以认为 $Pr = Pr'$。于是需要保证的是 $Re = Re'$。

计算:

$$\frac{u'l'}{v'} = \frac{ul}{v}$$

从而

$$u' = u\ \frac{v'}{v}\ \frac{l}{l'}$$

取定性温度为流体温度与壁温的平均值,即 $t_m = (t_w - t_f)/2$,从附录 5 查得

$$v = 23.13 \times 10^{-6}\ m^2/s, \qquad v' = 15.06 \times 10^{-6}\ m^2/s$$

已知 $l/l' = 5$。于是,模型中要求的流体流速 u' 为

$$u' = u\ \frac{v'}{v}\ \frac{l}{l'} = \frac{0.5\ m/s \times 15.06 \times 10^{-6}\ m^2/s \times 5}{23.13 \times 10^{-6}\ m^2/s} = 1.63\ m/s$$

例题 3-4 用平均温度为 50 ℃ 的空气来模拟平均温度为 400 ℃ 的烟气的外掠管束的对流传热,模型中烟气流速在 10~15 m/s 范围内变化。模型采用与实物一样的管径,问模型中空气的流速应在多大范围内变化?

解:

假设:该过程是稳态过程;以 50 ℃ 计算模拟气体(空气)的物性,以 400 ℃ 确定实际工作气体(烟气)的物性。

计算:由附录 6 知:400 ℃ 的烟气的 $v = 60.38 \times 10^{-6}\ m^2/s$,50 ℃ 空气的 $v = 17.95 \times 10^{-6}\ m^2/s$。为使模型与实际中的 Re 的变化范围相同,模型中的空气流速应为

$$u' = \frac{17.95 \times 10^{-6}\ m^2/s}{60.38 \times 10^{-6}\ m^2/s} \times (10 \sim 15)\ m/s = (2.94 \sim 4.46)\ m/s$$

安排实验时模型中的空气流速应该在这一范围内。

3.7　内部强制对流传热的实验关联式

内部流动与外部流动的区别主要在于流动边界层与流道壁面之间的相对关系不同:在外部流动中,换热壁面上的流体边界层可以自由地发展,不会受到流道壁面的阻碍或限制。因此,在外部流动中往往存在着一个边界层外的区域,在那里无论速度梯度还是温度梯度都可以忽略。而在内部流动中,换热壁面上边界层的发展受到流道壁面的限制。因此其换热规律就与外部流动有明显的区别。本节先介绍内部流动,即流体在圆管以及非圆形截面通道(槽道)内的换热规律。

3.7.1 管槽内强制对流流动与换热的一些特点

1. 两种流态

已知流体在管道内的流动可以分为层流与湍流两大类,其分界点为以管道直径为特征尺度的 Re,称为临界 Re,记为 Re_c,其值为 2 300。一般认为,Re 大于 10 000 后为旺盛湍流,而 2 300$\leqslant Re \leqslant$10 000 的范围为过渡区。

2. 入口段与充分发展段

流体力学告诉我们,当流体从大空间进入一根圆管时,流动边界层有一个从零开始增长直到汇合于管子中心线的过程。类似地,当流体与管壁之间有热交换时,管子壁面上的热边界层也有一个从零开始增长直到汇合于管子中心线的过程。当流动边界层及热边界层汇合于管子中心线后称流动或换热已经充分发展,此后的换热强度将保持不变。从进口到充分发展段之间的区域称为入口段。入口段的热边界层较薄,局部表面传热系数比充分发展段的高,且沿着主流方向逐渐降低(见图 3-16(a))。如果边界层中出现湍流,则因湍流的扰动与混合作用又会使局部表面传热系数有所提高,再逐渐趋向于一个定值,如图 3-16(b)所示。实验研究表明,层流时入口段长度由下式确定:

$$\frac{l}{d} \approx 0.05 RePr \tag{3-81}$$

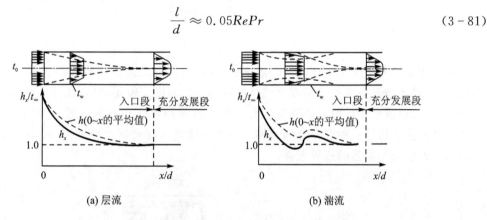

(a) 层流　　　　　　　　　　　　　　(b) 湍流

图 3-16　管内对流传热局部表面传热系数 h_x 的沿程变化

而湍流时,只要 $l/d > 60$,则平均表面传热系数就不受入口段的影响。工程技术中常常利用入口段换热效果好这一特点来强化设备的换热。基于此,下面介绍特征数方程时先讲清充分发展段的关联式,然后再引入入口效应的修正。

3. 两种典型的热边界条件——均匀热流和均匀壁温

当流体在管内被加热或被冷却时,加热或冷却壁面的热状况称为热边界条件。实际的工程传热情况是多种多样的,为便于研究与应用,从各种复杂情况中抽象出两类典型的条件:轴向与周向热流密度均匀,简称均匀热流,以及轴向与周向壁温均匀,简称均匀壁温。图 3-17 示意性地给出了在这两种热边界条件下沿主流方向流体截面平均温度 $t_f(x)$ 及管壁温度 $t_w(x)$ 的变化情况。湍流时,由于各微团之间的剧烈混合,除液态金属外,两种热边界条件对表面传热系数的影响可以不计。但对层流及低 Pr 介质的情况,两种边界条件下的差别是不容忽视的。

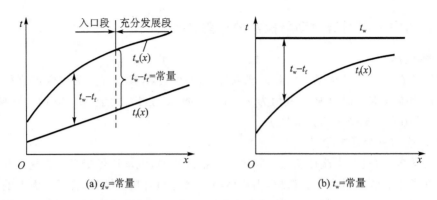

图 3-17 均匀热流与均匀壁温下流体平均温度与壁面温度的沿程变化

4. 流体平均温度以及流体与壁面的平均温差

计算物件的定性温度多为截面上流体的平均温度(或进、出口截面平均温度)。在用实验方法或用数值模拟确定了同一截面上的速度及温度分布后,可采用下式确定该截面上流体的平均温度:

$$t_f = \frac{\int_{A_c} c_p \rho t u \, \mathrm{d}A}{\int_{A_c} c_p \rho u \, \mathrm{d}A} \tag{3-82}$$

当采用实验方法来测定截面平均温度时,应在测温点之前设法将截面上各部分的流体充分混合,这样才能保证测得的温度是流体的截面平均温度。值得指出,在进行对流传热的实验测定时,使加热或冷却后的流体充分混合是测得准确的流体平均温度的重要措施。图 3-18 示意性地给出了这样一种混合器的结构。图中流体进入混合器前壁面时,均匀缠绕的电热丝就是为了产生均匀加热的边界条件。

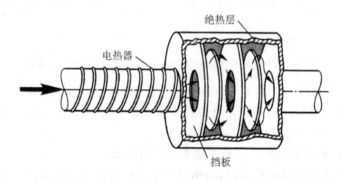

图 3-18 测定流体截面平均温度的混合器示意图

如果要确定流体与一长通道表面间的平均表面传热系数,在应用牛顿冷却公式(3-1)时要注意平均温差的确定方法。对于均匀热流的情形,如果其中充分发展段足够长,则可取充分发展段的温差 $t_w - t_f$ 作为 Δt_m(见图 3-17(a))。但对均匀壁温的情形,截面上的局部温差在整个换热面上是不断变化的(见图 3-17(b)),这时应利用以下的热平衡式确定平均的对流传热温差:

$$h_m A \Delta t_m = q_m c_p (t_f'' - t_f') \tag{3-83}$$

式中，q_m 为质量流量；t''_f，t'_f 分别为出口、进口截面上的平均温度；Δt_m 按对数平均温差计算，即

$$\Delta t_\mathrm{m} = \frac{t''_\mathrm{f} - t'_\mathrm{f}}{\ln \dfrac{t_\mathrm{w} - t'_\mathrm{f}}{t_\mathrm{w} - t''_\mathrm{f}}} \tag{3-84}$$

当进口截面与出口截面上的温差比 $(t_\mathrm{w} - t'_\mathrm{f})/(t_\mathrm{w} - t''_\mathrm{f})$ 在 $0.5 \sim 2$ 时，算术平均温差 $t_\mathrm{w} - \dfrac{t''_\mathrm{f} + t'_\mathrm{f}}{2}$ 与上述对数平均温差的差别小于 4%。

3.7.2　管槽内湍流强制对流传热关联式

以下所介绍的管槽内的流体都为常规流体，其 $Pr > 0.6$。

1. Dittus-Boelter 公式

对于管内强制对流传热，历史上应用时间最长且最普遍的关联式是

$$Nu_\mathrm{f} = 0.023 Re_\mathrm{f}^{0.8} Pr_\mathrm{f}^{n} \tag{3-85}$$

加热流体时，$n = 0.4$；冷却流体时，$n = 0.3$。此式适用于流体与壁面温度具有中等温差的场合。式中采用流体平均温度 t_f（管道进、出口两个截面平均温度的算术平均值）为定性温度，取管内径 d 为特征长度。实验验证范围为 $Re_\mathrm{f} = 10^4 \sim 1.2 \times 10^5$，$Pr_\mathrm{f} = 0.7 \sim 120$，$l/d \geqslant 60$。

所谓中等以下温度差，其具体数字视计算准确程度而定，有一定的幅值。一般说，对于气体不超过 50 ℃；对于水不超过 20 ～ 30 ℃；对于 $\dfrac{1}{\eta}\dfrac{\mathrm{d}\eta}{\mathrm{d}t}$ 大的油类不超过 10 ℃。

式(3-85)曾得到广泛应用，由于其形式简单目前仍在工程上应用。但是该式对于流体与换热壁面间的温差要求和对 l/d 的限制常常无法满足。下面介绍这些条件不能满足时对式(3-85)的修正方法，分别从温差、l/d 之值以及非圆形截面通道三个方面予以说明。

（1）变物性影响的修正

所谓温差的影响，实际上是考虑流体热物理性质随温度变化而引起的影响。那么为什么物性变化会影响到传热效果呢？式(3-85)中 Pr 的指数数值加热与冷却时不同，主要是考虑流体物理性质随温度变化而引起对热量传递过程的影响差异，如图 3-19 所示。

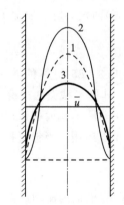

1—等温流动；2—液体冷却或气体加热；3—液体加热或气体冷却

图 3-19　管内速度分布随换热情况的畸变

在有换热的条件下，管子截面上的温度是不均匀的。因为温度要影响黏度，所以截面上的速度分布与等温流动的分布有所不同，在图 3-19 上示出了换热时速度分布畸变的景象：图中曲线 1 为等温流的速度分布。先对液体作分析。因液体的黏度随温度的降低而升高，液体被冷却时，近壁处的黏度较管心处为高，因而速度分布低于等温曲线，变成曲线 2。若液体被加热，则速度分布为曲线 3，近壁处流速高于等温曲线。近壁处流速增强会加强换热，反之会减弱换热，这就说明了不均匀物性场对换热的影响。对于气体，由于黏度随温度增高而升高，与液体的情形相反，故曲线 2 适用于气体被加热，而曲线 3 适用于气体被冷却。综上所述，不均匀物性场对换热的影响，视液体还是气体，加热还是冷却，以及温差的大小而异。考虑不均

匀物性场的影响有以下两种方式：

① 加热与冷却时在式(3-85)中 Pr 的指数数值不同，这是考虑流体物理性质随温度变化而引起的对热量传递过程影响的一种最简单的方式。

② 当流体平均温度与固体表面温度的差值大于上述数值时，只靠 Pr 指数的区别已经不能充分反映物性变化的影响。这时可以引入温差修正系数的方法，即在式(3-56)(此时 n 恒取 0.4)右端乘上系数 c_t，其计算式为

对气体，被加热时

$$c_t = \left(\frac{T_f}{T_w}\right)^{0.5} \tag{3-86}$$

被冷却时

$$c_t = 1.0 \tag{3-87}$$

对液体，被加热时

$$c_t = \left(\frac{\eta_f}{\eta_w}\right)^{0.5} \tag{3-88}$$

被冷却时

$$c_t = \left(\frac{\eta_f}{\eta_w}\right)^{0.25} \tag{3-89}$$

式中，T 为热力学温度，K；η 为动力黏度，$Pa \cdot s$；下标 f, w 分别表示以流体平均温度及壁面温度来计算的动力黏度。

(2) 入口段的影响

前面已定性地讨论过入口效应，即入口段由于热边界层较薄而具有比充分发展段高的表面传热系数。但究竟高出多少要视不同入口条件(如入口为尖角还是圆角，加热段前有否辅助入口段等)而定。对于通常工业设备中常见的尖角入口，推荐以下入口效应修正系数：

$$c_l = 1 + \left(\frac{d}{l}\right)^{0.7} \tag{3-90}$$

即运用式(3-85)计算的 Nu 乘上 c_l 后即为包括入口段在内的总长为 l 的管道平均 Nu。

(3) 非圆形截面的槽道

对于非圆形截面槽道，如采用当量直径作为特征尺度，则对圆管得出的湍流传热公式就可近似地予以运用。当量直径计算公式为

$$d_e = \frac{4A_c}{P} \tag{3-91}$$

式中，A_c 为槽道的流动截面积，m^2；P 为润湿周长，即槽道壁与流体接触的长度，m。例如，对于内管外径为 d_1、外管内径为 d_2 的同心套管环状通道，有

$$d_e = \frac{\pi(d_2^2 - d_1^2)}{\pi(d_2 + d_1)} = d_2 - d_1 \tag{3-92}$$

2. Gnieelinski 公式

$$Nu_f = \frac{(f/8)(Re-1000)Pr}{1+12.7\sqrt{f/8}(Pr_f^{2/3}-1)}\left[1+\left(\frac{d}{l}\right)^{2/3}\right]c_t \tag{3-93}$$

对液体

$$c_t=\left(\frac{Pr_f}{Pr_w}\right)^{0.01}, \qquad \frac{Pr_f}{Pr_w}=0.05\sim20 \qquad (3-94)$$

对气体

$$c_t=\left(\frac{T_f}{T_w}\right)^{0.45}, \qquad \frac{T_f}{T_w}=0.5\sim1.5 \qquad (3-95)$$

式中，l 为管长；f 为管内湍流流动的 Darcy 阻力系数，按弗罗年柯(Filonenko)公式

$$f=(1.82\lg Re-1.64)^{-2} \qquad (3-96)$$

计算，式(3-93)的实验验证范围为：$Re_f=2\,300\sim10^6$，$Pr_f=0.6\sim10^5$。

　　值得指出，Gnieelinski 公式是迄今为止计算准确度最高的一个关联式。在所依据的 800 多个实验数据中，90%的数据与关联式的最大偏差在±20%以内，大部分在±10%以内。同时，在应用 Dittus-Boelter 公式时关于温差以及长径比的限制，在 Gnieelinski 公式中已经作了考虑。对非圆形截面通道，采用当量直径后 Gnieelinski 公式也适用。当需要较高的计算准确度时推荐使用这一公式。

　　在应用以上两个关联式时，还要注意以下几点：① Gnieelinski 公式可以应用于过渡区，但 Dittus-Boelter 公式仅能用于旺盛湍流的范围。一般地，对旺盛湍流得出的实验关联式，当应用于过渡区时都得出偏高的表面传热系数的结果。② 以上两式都只适用于水力光滑区，对于粗糙管，作为初步的计算可以采用 Gnieelinski 公式，其中阻力系数按粗糙管的数值代入。③ 这两个关联式都仅适用于平直的管道。

3.8　大空间自然对流传热的实验关联式

　　自然对流传热区分为大空间自然对流与有限空间自然对流，又称为外部自然对流与内部自然对流。所谓大空间自然对流，是指热边界层的发展不受到干扰或阻碍的自然对流，而不拘泥于几何上的很大或无限大。而在有限空间自然对流中，或者边界层的发展受到干扰，或者流体的流动受到限制，使其换热规律有别于大空间的情形。

　　设壁面温度为 t_w，环境温度(未受壁面温度影响的流体温度)为 t_∞，则此时牛顿冷却公式及格拉晓夫数中的温差取为 t_w-t_∞(流体被加热时)或 $t_\infty-t_w$(流体被冷却时)。工程计算中广泛采用以下形式的大空间自然对流实验关联式：

$$Nu_m=C(Gr\,Pr)_m^n \qquad (3-97)$$

式中，Nu_m 为由平均表面传热系数组成的 Nu，下标 m 表示定性温度采用边界层的算术平均温度 $t_m(t_m=(t_\infty+t_w)/2)$。$Gr$ 中的 Δt 为 t_∞ 与 t_w 之差，对于符合理想气体性质的气体，Gr 中的体胀系数 $\alpha_V=1/T$。常壁温及常热流密度两种情况可整理成同类形式的关联式。

　　式(3-97)中的常数 C 与系数 n 由实验确定。换热面形状与位置、热边界条件以及层流或湍流的不向流态都影响 C 与 n 的值。两种典型的表面形状与位置情况，由大量实验数据确定的 C 与 n 的值列于表 3-3 中。特征长度的选择方案为：竖壁和竖固柱取高度，横圆柱取外径。如表 3-3 所列，流态转变依 Gr 而定。计算前首先要确定 Gr 的大小，才能选定合适的 C 与 n 值。还应指出，式(3-97)对气体工质完全适用，而对液态工质，为考虑物性与温度的依变关系，需要在式(3-97)的右端乘以一个反映物性变化的校正因子，推荐采用 $(Pr_f/Pr_w)^{0.11}$，其

中下标 f 与 w 分别表示以流体温度与壁面温度为定性温度。

表 3 - 3　式(3 - 97)中的常数 C 和 n

加热表面形状与位置	流动情况示意	液态	系数 C 及指数 n		Gr 适用范围
			C	n	
竖平面及竖圆柱		层流过渡湍流	0.59 0.029 2 0.11	1/4 0.39 1/3	$1.43\times10^4\sim3\times10^9$ $3\times10^9\sim2\times10^{10}$ 大于 2×10^{10}
横圆柱		层流过渡湍流	0.48 0.016 5 0.11	1/4 0.42 1/3	$1.43\times10^4\sim5.76\times10^8$ $5.76\times10^8\sim4.65\times10^9$ 大于 4.65×10^9

应当指出,竖圆柱按表 3 - 3 与竖壁用同一个关联式只限于以下情况:

$$\frac{d}{H}\geqslant\frac{35}{Gr_H^{1/4}} \tag{3-98}$$

对于直径小而高的竖圆柱或竖丝,边界层厚度可与直径相比拟而不能忽略曲率的影响,并且在极低 Gr 时,这种竖圆柱的自然对流传热进入以导热机理为主的范围。

习　题

3 - 1　温度为 80 ℃的平板置于来流温度为 20 ℃的气流中。假设平板表面中某点在垂直于壁面方向的温度梯度为 40 ℃/mm,试确定该处的热流密度。

3 - 2　取外掠平板边界层的流动由层流转变为湍流的临界雷诺数(Re_c)为 5×10^5,试计算 25 ℃的空气、水及 14 号润滑油达到 Re_c 时所需的平板长度,取 $u_\infty=1$ m/s。

3 - 3　两无限大平板之间的流体,由于上板运动而引起的层流特性流动(见习题 3 - 3 图),文献中常称为库埃特流。若不计流体中由于黏性而引起的机械能向热能的转换,试求解流体的速度与温度分布。上板温度为 t_{w2},下板温度为 t_{w1}。

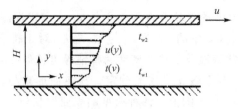

习题 3 - 3 图

3 - 4　1.013×10^5 Pa、100 ℃的空气以 4 m/s 的速度流过一块平板,平板温度为 30 ℃。试计算离开平板前缘 3 cm 及 6 cm 处边界层外边界上的法向速度、流动边界层及热边界层厚度、局部切应力和局部表面传热系数、平均阻力系数和平均表面传热系数。

3-5 来流温度为 20 ℃、速度为 2.5 m/s 的空气沿着平板流动,在距离前沿点为 2 m 处的局部切应力为多大? 如果平板温度为 50 ℃,该处的对流传热表面传热系数是多少?

3-6 将一块尺寸为 0.2 m×0.2 m 的薄平板平行地置于由风洞造成的均匀气体流场中。在气流速度 $u_\infty = 40$ m/s 的情况下用测力仪测得,要使平板维持在气流中需对它施加 0.075 N 的力。此时气流温度 $t_\infty = 20$ ℃,平板表面的温度 $t_w = 120$ ℃。试根据比拟理论确定平板两个表面的对流传热量。气体压力为 1.013×10^5 Pa。

3-7 飞机在 10 000 m 高空飞行,时速为 600 km/h,大气温度为 -40 ℃。把机翼当成一块平板,试确定离开机翼前沿点多远的位置上,空气的流动为充分发展的湍流? 将空气当作干空气处理。

3-8 火车以 25 m/s 的速度前进,受到 140 N 的切应力。火车由 1 节机车及 11 节客车车厢组成。将每节车厢都看成由四个平板所组成,车厢的尺寸为 9 m(长)×3 m×2.5 m(宽)。不计各节车厢间的间隙,车外空气温度为 35 ℃,车厢外表面温度为 20 ℃。试估算该火车所需的制冷负荷。

3-9 在一台缩小成为实物 1/8 的模型中,用 20 ℃ 的空气来模拟实物中平均温度为 200 ℃ 空气的加热过程。实物中空气的平均流速为 6.03 m/s,问模型中的流速应为多少? 若模型中的平均表面传热系数为 195 W/(m²·K),求相应实物中的值。在这一实验中,模型与实物中流体的 Pr 并不严格相等,你认为这样的模化实验有无实用价值?

3-10 对于恒壁温边界条件的自然对流传热,试用量纲分析方法导出 $Nu = f(Gr,Re)$。提示:在自然对流换热中,$ga_v\Delta t$ 起相当于强制对流中流速的作用。

3-11 试用量纲分析方法证明,恒壁温情况下导出的 $Nu = f(Gr,Re)$ 的关系式对于恒热流边界条件也是合适的,只是此时 Gr 应定义为 $Gr* = ga_vql^4/(v^2\lambda)$。

3-12 对于常物性流体横向掠过管束时的对流传热,当流动方向上的排数大于 10 时,实验发现,管束的平均表面热系数 h 取决于下列因素:流体速度 u,流体物性 ρ、c_p、η、λ,几何参数 d、s_1、s_2。试用量纲分析方法证明,此时的对流传热关系式可以整理为

$$Nu = f(Re,Pr,s_1/d,s_2/d)$$

3-13 一常物性的流体同时流过温度与之不同的两根直管 1 与 2,且 $d_1 = 2d_2$。流动与换热均处湍流充分发展区域。试确定在下列两种情形下两管内平均表面传热系数的相对大小:

(1) 流体以同样流速流过两管;

(2) 流体以同样的质量流量流过两管。

3-14 变压器油在内径为 30 mm 的管内冷却,管子长 2 m,流量为 0.313 kg/s。变压器油的平均物性可取为 $\rho = 885$ kg/m³,$v = 3.8 \times 10^{-5}$ m²/s,$Pr = 490$,试判断流动状态及换热是否已进入充分发展区。

3-15 发电机的冷却介质从空气改为氢气后可提高冷却效率,试对氢气与空气的冷却效果进行比较。比较的条件是:管道内湍流对流传热,通道几何尺寸、流速均相同,定性温度为 50 ℃,气体均处于常压下,不考虑温差修正。50 ℃ 氢气的物性数据如下:$\rho = 0.075\ 5$ kg/m³,$\lambda = 19.42 \times 10^{-2}$ W/(m·K),$\eta = 9.41 \times 10^{-6}$ Pa·s,$c_p = 14.36$ kJ/(kg·K)。

3-16 标准大气压下的空气在内径为 76 mm 的直管内流动,入口温度为 65 ℃,入口体积流量为 0.022 m³/s,管壁的平均温度为 180 ℃。问管子要多长才能使空气加热到 115 ℃?

3-17 平均温度为 40 ℃的 24 号润滑油,流过壁温为 80 ℃、长 1.5 m、内径为 22.1 mm 的直管,流量为 800 kg/h。油的物性参数可从书末附录中查取。试计算油与壁面间的平均表面传热系数及换热量。80 ℃时油的 $\eta = 28.4 \times 10^{-4} \mathrm{Pa \cdot s}$。

3-18 一块长 400 mm 的平板,平均壁温为 40 ℃。常压下 20 ℃的空气以 10 m/s 的速度纵向流过该板表面。试计算离平板前缘 50 mm,100 mm,200 mm,300 mm,400 mm 处的热边界层厚度、局部表面传热系数及平均表面传热系数。

3-19 飞机的机翼可近似地看做一块置于平行气流中的长 2.5 m 的平板,飞机的飞行速度为 400 km/h,空气压力为 7 000 Pa,温度为 −10 ℃。机翼顶面吸收的太阳辐射为 800 W/m²,而其自身辐射略而不计,试确定处于稳态时机翼的温度(假设温度是均匀的)。如果考虑机翼的本身辐射,这一温度应上升还是下降?

第4章 热传导问题的数值解法

4.1 导热问题数值求解的基本思想

4.1.1 基本思想

对物理问题进行数值求解的基本思想可以概括为：把原来在时间、空间坐标系中连续的物理量的场(如导热物体的温度场)用有限个离散点上的值的集合来代替，通过求解按一定方法建立起来的关于这些值的代数方程，来获得离散点上被求物理量的值。这些离散点上被求物理量值的集合称为该物理量的数值解。这一基本思想可用图 4-1 所示的求解过程来表示。

4.1.2 导热问题数值求解的基本步骤

下面以图 4-2(a)所示的二维矩形域内的稳态、无内热源、常物性的导热问题为例，对数值求解过程的六个步骤做进一步说明。

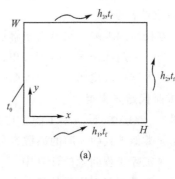

(a)

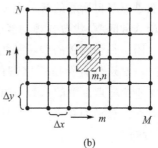

(b)

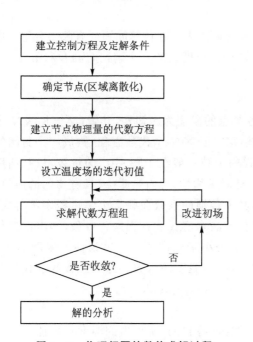

图 4-1 物理问题的数值求解过程

图 4-2 导热问题数值求解示例

1. 建立控制方程及定解条件

描写物理问题的微分方程常称控制方程，在这里就是导热微分方程，即

$$\frac{\partial^2 t}{\partial x^2} + \frac{\partial^2 t}{\partial y^2} = 0 \tag{4-1}$$

其四个边界分别为第一类及第三类边界条件。

2. 区域离散化

如图 4-2(b)所示,用一系列与坐标轴平行的网格线把求解区域划分成许多子区域,以网格线的交点(即节点,也叫结点,node)作为需要确定温度值的空间位置。相邻两节点间的距离称为步长(step length),记为 Δx、Δy。图 4-2(b)中,x 方向及 y 方向是各自均分的。根据实际问题的需要,网格的划分常常是不均匀的。这里为简便起见采用均分网格。节点的位置以该点在两个方向上的标号 m、n 来表示。

每一个节点都可以看成是以它为中心的一个小区域的代表,图 4-2(b)中有阴影线的小区域即是节点(m,n)所代表的区域,它由相邻两节点连线的中垂线构成。为叙述方便,把节点所代表的小区域称为元体(element),又称控制容积(control volume)。

3. 建立节点物理量的代数方程

节点上物理量的代数方程称为离散方程(discretization equation)。它的建立是数值求解过程中的重要环节,建立过程将在下面予以详细介绍,这里仅列出节点(m,n)的代数方程作为示例。当 $\Delta x = \Delta y$ 时,有

$$t_{m,n} = \frac{1}{4}(t_{m+1,n} + t_{m-1,n} + t_{m,n+1} + t_{m,n-1}) \tag{4-2}$$

式(4-2)是位于计算区域内部的节点(内接点)的代数方程。同样,对于温度未知的位于边界上的节点也要建立相应的方程,这将在后面予以详细介绍。

4. 设立迭代初场

代数方程组的求解方法有直接解法与迭代法两大类。在传热问题的有限差分解法中主要采用迭代法。采用此法求解时需要预先假定被求解温度场的一个解,称为初场(initial field),在求解过程中这一温度场不断得到改进。

5. 求解代数方程组

在图 4-2(b)中,除 $m=1$ 的左边界上各节点的温度为已知外,其余$(M-1) \times N$ 个节点都需建立起类似于式(4-2)的离散方程,一共$(M-1) \times N$ 个代数方程,构成一个封闭的代数方程组。在实际工程问题的计算中,代数方程的个数一般在 $10^3 \sim 10^6$ 的量级,只有利用现代的计算机才能迅速获得所需的解。图 4-1 是针对常物性、无内热源(或具有均匀的内热源)的问题的。对于这种问题,代数方程一经建立,其中各项的系数在整个求解过程中不再变化,称为线性问题。图中是否收敛的判断是指用迭代方法求解代数方程是否收敛,即本次迭代计算所得之解与上一次迭代计算所得之解的偏差是否小于允许值。如果物性为温度的函数,则式(4-2)右端 4 个邻点温度的系数不再是常数,而是温度的函数。这些系数在迭代过程中要相应地不断更新。这种问题称为非线性问题(non-linearproblem)。

6. 解的分析

获得物体中的温度分布常常不是工程问题的最终目的,所得出的温度场可能进一步用于计算热流量或计算设备、零部件的热应力及热变形等。如把图 4-2(a)看成是一个二维肋片,则最终的目的可能是要计算肋效率。对于数值计算所获得的温度场及所需的一些其他物理量应作仔细分析,以获得定性或定量上的一些新的结论。

以上六个步骤中,控制方程及定解条件的建立已经在前面章节中做过详细介绍。对于规则的区域,网格的划分与节点的生成容易进行;对于不规则区域的一种处理方法随后将作简单

说明。对数值解的分析是解决实际问题的重要一步,但不涉及数值解本身。因此,本章中的讨论重点放在如何建立离散方程组及如何求解离散方程组上。对于非稳态导热,除了空间区域的离散,还要离散时间坐标,这将在学习稳态导热问题数值解方法的基础上再作介绍。

4.2　内节点离散方程的建立方法

下面介绍稳态导热问题中计算区域内部节点的离散方程的建立方法。

建立内节点离散方程的方法有泰勒级数展开法(Taylor series expansion method)及热平衡法(heat balance method)两种,下面分别讨论。为讨论方便,把图 4 - 2(b)中的节点(m,n)及其邻点取出并放大,如图 4 - 3 所示。

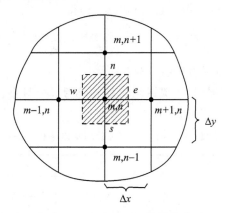

图 4 - 3　内节点离散方程的建立

4.2.1　泰勒级数展开法

现以节点(m,n)处的二阶偏导数为例,用这种方法来导出其差分表达式。对节点$(m+1,n)$及$(m-1,n)$分别写出函数 t 对点(m,n)的泰勒级数展开式:

$$t_{m+1,n}=t_{m,n}+\Delta x\left.\frac{\partial t}{\partial x}\right|_{m,n}+\frac{\Delta x^2}{2}\left.\frac{\partial^2 t}{\partial x^2}\right|_{m,n}+\frac{\Delta x^3}{6}\left.\frac{\partial^3 t}{\partial x^3}\right|_{m,n}+\frac{\Delta x^4}{24}\left.\frac{\partial^4 t}{\partial x^4}\right|_{m,n}+\cdots$$

$$(4-3)$$

$$t_{m-1,n}=t_{m,n}-\Delta x\left.\frac{\partial t}{\partial x}\right|_{m,n}+\frac{\Delta x^2}{2}\left.\frac{\partial^2 t}{\partial x^2}\right|_{m,n}-\frac{\Delta x^3}{6}\left.\frac{\partial^3 t}{\partial x^3}\right|_{m,n}+\frac{\Delta x^4}{24}\left.\frac{\partial^4 t}{\partial x^4}\right|_{m,n}+\cdots$$

$$(4-4)$$

将式(4 - 3)及式(4 - 4)相加得

$$t_{m+1,n}+t_{m-1,n}=2t_{m,n}+\Delta x^2\left.\frac{\partial^2 t}{\partial x^2}\right|_{m,n}+\frac{\Delta x^4}{12}\left.\frac{\partial^4 t}{\partial x^4}\right|_{m,n}+\cdots \qquad (4-5)$$

将式(4 - 5)改写为$\left.\dfrac{\partial^2 t}{\partial x^2}\right|_{m,n}$的表示式,有

$$\left.\frac{\partial^2 t}{\partial x^2}\right|_{m,n}=\frac{t_{m+1,n}-2t_{m,n}+t_{m-1,n}}{\Delta x^2}+O(\Delta x^2) \qquad (4-6)$$

这是用三个离散点上的值来计算二阶导数 $\dfrac{\partial^2 t}{\partial x^2}\bigg|_{m,n}$ 的严格的表达式,其中符号 $O(\Delta x^2)$ 称为截断误差(truncation error),表示未明确写出的级数余项中 Δx 的最低阶数为2。在进行数值计算时,希望得出用三个相邻节点上的值表示的二阶导数的近似的代数表达式,为此略去式(4-6)中的 $O(\Delta x^2)$,可得

$$\frac{\partial^2 t}{\partial x^2}\bigg|_{m,n} = \frac{t_{m+1,n} - 2t_{m,n} + t_{m-1,n}}{\Delta x^2} \tag{4-7a}$$

这就是二阶导数的差分表达式,称为中心差分(central difference)。同理可有

$$\frac{\partial^2 t}{\partial y^2}\bigg|_{m,n} = \frac{t_{m,n+1} - 2t_{m,n} + t_{m,n-1}}{\Delta y^2} \tag{4-7b}$$

将式(4-7)代入节点 (m,n) 的离散方程,由式(4-1)得

$$\frac{t_{m+1,n} - 2t_{m,n} + t_{m-1,n}}{\Delta x^2} + \frac{t_{m,n+1} - 2t_{m,n} + t_{m,n-1}}{\Delta y^2} = 0 \tag{4-8}$$

如果 $\Delta x = \Delta y$,则式(4-8)即变为式(4-2)。

在传热学问题的控制方程中,主要遇到的是一阶与二阶导数。在均分网格中,一、二阶导数常见离散表达式(差分表示式)列于表4-1中。

表4-1 一阶、二阶导数的常用差分表示式

导 数	差分表示式	截断误差	备 注
$\left(\dfrac{\partial t}{\partial x}\right)_i$	$\dfrac{t_{i+1}-t_i}{\Delta x}$	$O(\Delta x)$	称为 i 点的向前差分(forward difference)
	$\dfrac{t_i-t_{i-1}}{\Delta x}$	$O(\Delta x)$	称为 i 点的向后差分(backward difference)
	$\dfrac{t_{i+1}-t_{i-1}}{2\Delta x}$	$O(\Delta x^2)$	称为 i 点的中心差分
$\left(\dfrac{\partial^2 t}{\partial x^2}\right)_i$	$\dfrac{t_{i+1}-2t_i+t_{i-1}}{\Delta x^2}$	$O(\Delta x^2)$	称为 i 点的中心差分

值得指出,当给出一个导数的差分表达式时必须明确是对哪一点建立的,表4-1中导数的下标 i 就表示差分式是对 i 点建立的。另外,上面的分析虽然是对直角坐标得出的,但表4-1所列出的导数差分表示式,对圆柱坐标与极坐标中的一、二阶导数同样适用,但极坐标中的圆周角 θ 是量纲一的量(习惯上称为无量纲量),圆周方向两相邻点间的距离要用 $r\Delta\theta$ 表示。对于非均分网格,具有二阶截断误差的中心差分的表示式要比表4-1中列出的复杂,这时推荐使用下面介绍的热平衡法来建立离散方程。

4.2.2 热平衡法

采用热平衡法时,对每个节点所代表的元体用傅里叶导热定律直接写出其能量守恒的表达式。此时把节点看成是元体的代表。通过元体的界面(图4-3中的虚线)所传导的热流量可以对有关的两个节点应用傅里叶定律写出。例如,从节点 $(m-1,n)$ 通过界面 w 传导到节点 (m,n) 的热流量可表示为

$$\Phi_{\mathrm{w}} = \lambda \Delta y \frac{t_{m-1,n} - t_{m,n}}{\Delta x} \tag{4-9}$$

类似地可以写出通过其他三个界面(e、n 及 s)传导给节点(m,n)的热量。

对于所研究的问题,元体(m,n)的能量守恒方程为

$$\Phi_{\mathrm{e}} + \Phi_{\mathrm{w}} + \Phi_{\mathrm{n}} + \Phi_{\mathrm{s}} = 0 \tag{4-10}$$

将类似于式(4-9)的表达式代入式(4-10)得

$$\lambda \frac{t_{m-1,n} - t_{m,n}}{\Delta x} \Delta y + \lambda \frac{t_{m+1,n} - t_{m,n}}{\Delta x} \Delta y + \lambda \frac{t_{m,n+1} - t_{m,n}}{\Delta y} \Delta x + \lambda \frac{t_{m,n-1} - t_{m,n}}{\Delta y} \Delta x = 0$$

$$\tag{4-11}$$

注意,式(4-11)中的各项热流量都以导入元体(m,n)的方向为正。对式(4-11)进一步简化可得出式(4-8)。由上述推导过程可见,用热平衡法导出式(4-11)的思路和过程与 2.2 节中建立导热微分方程的思路和过程完全一致,所不同的只是 2.2 节所讨论的是一个微元体,而此处为有限大小的元体。

在热平衡法中直接将能量守恒原理以及傅里叶导热定律应用于节点所代表的控制容积,这种方法的物理概念清晰,推导过程简捷。对于非均分网格上述推导结果同样适用,只要将节点间距离的不同反映到离散方程中,即式(4-11)中的 Δx、Δy 采用各个元体中的不同数值。因此,这种方法在工程数值计算中得到广泛应用。

4.3　边界节点离散方程的建立及代数方程的求解

4.3.1　边界节点离散方程的建立

对于第一类边界条件的导热问题,所有内节点的离散方程组成了一个封闭的代数方程组,可以立即进行求解。但对于含有第二类或第三类边界条件的导热问题,由内节点的离散方程组成的方程组是不封闭的,因为其中包含了未知的边界温度,因而必须对位于这类边界上的节点补充相应的代数方程,才能使方程组封闭。这就是数值计算中的边界条件处理问题。在下面的讨论中,先把第二类边界条件及第三类边界条件合并起来考虑,并以 q_{w} 代表边界上已知的热流密度值或热流密度表达式(以热量进入计算区域为正),用热平衡方法导出三类典型边界节点的离散方程,然后针对 q_{w} 的三种不同情况使导得的离散方程进一步具体化。为使结果更具一般性,假设物体具有内热源 $\dot{\Phi}$(不必均布)。

1. 位于平直边界上的节点

这时边界节点(m,n)代表半个元体,如图 4-4 中有阴影线的区域所示。设边界上有向该元体传递的热流密度 q_{w},于是该元体的能量守恒定律可表示为

$$\lambda \frac{t_{m-1,n} - t_{m,n}}{\Delta x} \Delta y + \lambda \frac{t_{m,n+1} - t_{m,n}}{\Delta y} \frac{\Delta x}{2} + \lambda \frac{t_{m,n-1} - t_{m,n}}{\Delta y} \frac{\Delta x}{2} + \frac{\Delta x \Delta y}{2} \dot{\Phi}_{m,n} + \Delta y q_{\mathrm{w}} = 0$$

$$\tag{4-11}$$

当 $\Delta x = \Delta y$ 时,有

$$t_{m,n} = \frac{1}{4} \left(2 t_{m-1,n} + t_{m+1,n} + t_{m,n-1} + \frac{\Delta x^2 \dot{\Phi}_{m,n}}{\lambda} + \frac{2 \Delta x q_{\mathrm{w}}}{\lambda} \right) \tag{4-12}$$

2. 外部角点

在如图 4-5 所示的二维墙角计算区域中，节点 $A \sim E$ 均为外部角点，其特点是每个节点仅代表四分之一个以 Δx、Δy 为边长的元体。今以外部角点 D 为例，假设其边界上有向该元体传递的热流密度 q_w，则其热平衡式为

$$\lambda \frac{t_{m-1,n}-t_{m,n}}{\Delta x}\frac{\Delta y}{2}+\lambda \frac{t_{m,n-1}-t_{m,n}}{\Delta y}\frac{\Delta x}{2}+\frac{\Delta x \Delta y \dot{\Phi}_{m,n}}{4}+\frac{\Delta x+\Delta y}{2}q_w=0$$

(4-13a)

当 $\Delta x=\Delta y$ 时，有

$$t_{m,n}=\frac{1}{2}\left(t_{m-1,n}+t_{m,n-1}+\frac{\Delta x^2 \dot{\Phi}_{m,n}}{2\lambda}+\frac{2\Delta x q_w}{\lambda}\right)$$

(4-13b)

3. 内部角点

图 4-5 中的 F 点为内部角点，代表了四分之三个元体。在同样的假设条件下有

$$\lambda \frac{t_{m-1,n}-t_{m,n}}{\Delta x}\Delta y+\lambda \frac{t_{m,n+1}-t_{m,n}}{\Delta y}\Delta x+\lambda \frac{t_{m,n-1}-t_{m,n}}{\Delta y}\frac{\Delta x}{2}+\lambda \frac{t_{m+1,n}-t_{m,n}}{\Delta x}\frac{\Delta y}{2}+$$
$$\frac{3\Delta x \Delta y}{4}\dot{\Phi}_{m,n}+\frac{\Delta x+\Delta y}{2}q_w=0$$

(4-14a)

当 $\Delta x=\Delta y$ 时，有

$$t_{m,n}=\frac{1}{6}\left(2t_{m-1,n}+2t_{m,n+1}+t_{m,n-1}+t_{m+1,n}+\frac{3\Delta x^2 \dot{\Phi}_{m,n}}{2\lambda}+\frac{2\Delta x q_w}{\lambda}\right)$$

(4-14b)

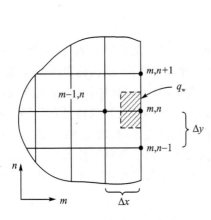

图 4-4 平直边界上的节点

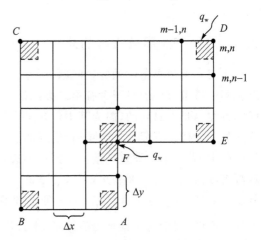

图 4-5 外部角点与内部角点

4.3.2 边界热流密度

1. 绝热边界

令式(4-12)~式(4-14)中的 $q_w=0$ 即为绝热边界。

2. q_w 值不为零

以给定的 q_w 值代入式(4-12)~式(4-14)，但要注意上述三式传入计算区域的热量为正。

3. 对流边界

此时 $q_\mathrm{w}=h(t_\mathrm{f}-t_{m,n})$，将此表达式代入式 $(4-12)\sim$ 式 $(4-14)$，并将此项中的 $t_{m,n}$ 与等号前的 $t_{m,n}$ 合并。对于 $\Delta x=\Delta y$ 的情形有：

(1) 平直边界

$$2\left(\frac{h\Delta x}{\lambda}+2\right)t_{m,n}=2t_{m-1,n}+t_{m,n+1}+t_{m,n-1}+\frac{\Delta x^2\dot{\Phi}_{m,n}}{\lambda}+\frac{2h\Delta x}{\lambda}t_\mathrm{f} \qquad (4-15)$$

(2) 外部角点

$$2\left(\frac{h\Delta x}{\lambda}+1\right)t_{m,n}=t_{m-1,n}+t_{m,n-1}+\frac{\Delta x^2\dot{\Phi}_{m,n}}{2\lambda}+\frac{2h\Delta x}{\lambda}t_\mathrm{f} \qquad (4-16)$$

(3) 内部角点

$$2\left(\frac{h\Delta x}{\lambda}+3\right)t_{m,n}=2(t_{m-1,n}+t_{m,n+1})+t_{m+1,n}+t_{m,n-1}+\frac{3\Delta x^2\dot{\Phi}_{m,n}}{2\lambda}+\frac{2h\Delta x}{\lambda}t_\mathrm{f}$$

$$(4-17)$$

出现在式 $(4-15)\sim$ 式 $(4-17)$ 中的无量纲数 $\dfrac{h\Delta x}{\lambda}$ 是以网格步长 Δx 为特征长度的 Bi，称为网格 Bi，它是在对流边界条件的离散过程中引入的。

这里要特别指出，以上详细介绍了如何用能量平衡方法导出温度离散方程的过程，并得出了一系列表达式，目的在于使读者能较好地理解与掌握这一方法，这是本章的教学重点之一。只要掌握了这一方法就不难推得上述各种具体计算式，因此不必强行记忆。

4.3.3　处理不规则区域的阶梯形逼近法

当计算区域中出现曲线边界或倾斜边界时，常常用阶梯形的折线来模拟真实边界，然后再用上述方法建立起边界节点的离散方程。例如，要用数值方法确定如图 $4-6$(a)所示二维区域的形状因子，显然，根据对称性只要考虑四分之一的计算区域即可。图 $4-6$(a)中的内圆边界可以采用图 $4-6$(b)所示的阶梯形的折线边界来近似。只要网格取得足够密，这种近似处理方法仍能获得相当准确的结果。

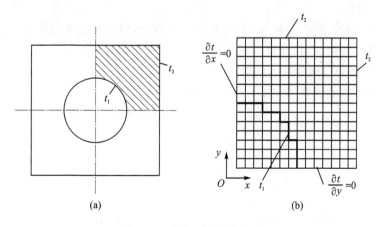

(a)　　　　　　　　　　　(b)

图 4 - 6　不规则区域的处理

4.3.4　求解代数方程的迭代法

前已指出,代数方程组的求解方法分为直接解法及迭代法两大类。直接解法(direct method)是指通过有限次运算获得代数方程精确解的方法,像矩阵求逆、高斯消元法等均属于此种方法。这一方法的缺点是计算所需的计算机内存较大,当代数方程数目较多时使用不便。另一类方法称迭代法(iteration method)。在迭代法中先对要计算的场作出假设(设定初场),在迭代计算过程中不断予以改进,直到计算前的假定值与计算后的结果相差小于允许值为止,此时称为迭代计算已经收敛。本书只介绍迭代法。

1. 高斯-赛德尔迭代法

迭代法中应用较广的是高斯-赛德尔(Gauss-Seidel)迭代法,现以简单的三元方程组为例说明其实施步骤。

设有一个三元方程组,记为

$$\begin{cases} a_{11}t_1 + a_{12}t_2 + a_{13}t_3 = b_1 \\ a_{21}t_1 + a_{22}t_2 + a_{23}t_3 = b_2 \\ a_{31}t_1 + a_{32}t_2 + a_{33}t_3 = b_3 \end{cases} \tag{4-18}$$

其中,$a_{i,j}(i=1,2,3,j=1,2,3)$ 及 $b_i(i=1,2,3)$ 是已知的系数(设均不为零)及常数。采用高斯-赛德尔迭代法求解的步骤如下:

(1) 将式(4-18)改写成关于 t_1,t_2,t_3 的显式形式(迭代方程),如

$$\begin{cases} t_1 = \dfrac{1}{a_{11}}(b_1 - a_{12}t_2 - a_{13}t_3) \\ t_2 = \dfrac{1}{a_{22}}(b_2 - a_{21}t_1 - a_{23}t_3) \\ t_3 = \dfrac{1}{a_{33}}(b_3 - a_{31}t_1 - a_{32}t_2) \end{cases} \tag{4-19}$$

(2) 假设一组解(迭代初场),记为 $t_1^{(0)},t_2^{(0)}$ 及 $t_3^{(0)}$,由式(4-19)逐一计算出改进值 $t_1^{(1)}$,$t_2^{(1)}$ 及 $t_3^{(1)}$。每次计算均用 t 的最新值代入。例如,当由式(4-19)中的第三式计算 $t_3^{(1)}$ 时代入的是 $t_1^{(1)}$ 及 $t_2^{(1)}$ 之值。

(3) 以计算所得之值作为初场,重复上述计算,直到相邻两次迭代值之差小于允许值,此时称为已达到迭代收敛,迭代计算终止。

2. 迭代过程是否已经收敛的判据

判断迭代是否收敛的常用判据有以下三种:

$$\max |t_i^{(k)} - t_i^{(k+1)}| \leqslant \varepsilon \tag{4-20a}$$

$$\max \left| \frac{t_i^{(k)} - t_i^{(k+1)}}{t_i^{(k)}} \right| \leqslant \varepsilon \tag{4-20b}$$

$$\max \left| \frac{t_i^{(k)} - t_i^{(k+1)}}{t_{\max}^{(k)}} \right| \leqslant \varepsilon \tag{4-20c}$$

其中,上标 k 及 $(k+1)$ 表示迭代次数,$t_{\max}^{(k)}$ 为第 k 次迭代计算所得的计算区域中的最大值。一般采用相对偏差小于规定数值的判据比较合理,而且当计算区域中有接近于零的 t 时,宜采用式(4-20c)。允许的相对偏差 ε 之值常在 $10^{-6} \sim 10^{-3}$,视具体情况而定。

3. 迭代过程能否收敛的判据

那么怎样构造迭代公式才能获得收敛的解呢？对于常物性导热问题所组成的差分方程组，迭代公式应使每一个迭代变量的系数总是大于或等于该式中其他变量系数绝对值之和，此时用迭代法求解代数方程一定收敛。这一条件在数学上称为主对角线占优，简称对角占优（diagonal predominant）。对于式（4-18）而言，这一条件可表示为

$$\frac{|a_{12}|-|a_{13}|}{|a_{11}|} \leqslant 1, \quad \frac{|a_{21}|-|a_{23}|}{|a_{22}|} \leqslant 1, \quad \frac{|a_{31}|-|a_{32}|}{|a_{33}|} \leqslant 1$$

值得指出，在用热平衡法导出差分方程时，若每一个方程都选用导出该方程的中心节点的温度作为迭代变量，则上述条件必满足，迭代一定收敛。读者不妨以式（4-12b）、式（4-13b）、式（4-14b）为例检验之。

例题 4-1　用高斯-赛德尔迭代法求解下列方程组：

$$\begin{cases} 8t_1 + 2t_2 + t_3 = 29 \\ t_1 + 5t_2 + 2t_3 = 32 \\ 2t_1 + t_2 + 4t_3 = 28 \end{cases} \qquad (4-21)$$

解：

分析： 先将式（4-21）改写成以下迭代形式：

$$\begin{cases} t_1 = \dfrac{1}{8}(29 - 2t_2 - t_3) \\[2mm] t_2 = \dfrac{1}{5}(32 - t_1 - 2t_3) \\[2mm] t_3 = \dfrac{1}{4}(28 - 2t_1 - t_2) \end{cases} \qquad (4-22)$$

注意，对上述改写后的方程组，迭代收敛的条件是满足的。假设一组初值，例如取 $t_1^{(0)} = t_2^{(0)} = t_3^{(0)} = 0$，利用上述迭代方式，可以得出第一次迭代的结果。经过数次迭代后，就可获得所需的解。

计算： 经过 7 次迭代后，在 4 位有效数字内得到了与精确解一致的结果。迭代过程的中间值如表 4-2 所列。

表 4-2　例题 4-1 迭代过程的中间值

迭代次数	t_1	t_2	t_3
0	0	0	0
1	3.625	5.675	3.769
2	1.735	4.545	4.996
3	1.864	4.038	5.058
4	1.983	3.980	5.013
5	2.003	3.994	5.000
6	2.000 1	4.000	5.000
7	2.000	4.000	5.000

讨论： 如果按下列方式来构造方程组（4-21）的迭代方程：

$$\begin{cases} t_1 = 32 - 5t_2 - 2t_3 \\ t_2 = 28 - 2t_2 - 4t_3 \\ t_3 = 29 - 8t_1 - 2t_2 \end{cases} \tag{4-23}$$

则对代数方程来说,式(4-21)、式(4-22)及式(4-23)是完全等价的,但对迭代方程而言,却有天壤之别——式(4-23)不能获得 t_1,t_2,t_3 的收敛解。仍以零场作为迭代初场,迭代 4 次的计算结果如表 4-3 所列。

表 4-3 迭代计算结果

t	迭代次数				
	0	1	2	3	4
t_1	0	32	522	8 722	143 522
t_2	0	−36	−396	−399 6	−399 6
t_3	0	−155	−335 5	−617 55	−106 807 5

显然,按式(4-23)的方式迭代得不到收敛的解,称为迭代过程发散(divergence)。这一例子说明,同一个代数方程组,如果选用的迭代方式不合适,可能导致迭代过程发散。

例题 4-2 有一各向同性材料的方形物体,其导热系数为常量。已知各边界的温度如图 4-7 所示,试用高斯-赛德尔迭代求其内部网格节点 1、2、3 和 4 的温度。

解:

分析: 这是一个三维稳态导热问题。物体内部每个网格节点的温度适用于式(4-8)的关系。从形式上看,式(4-8)中主对角元 $t_{m,n}$ 的系数正好等于 4 个邻点的系数之和。但注意到,对所计算的问题每个内节点都有两个邻点是边界节点,其温度值是已知的。在写为代数方程的通用形式时,温度值已知的项应该归入常数项 b 中,故主对角元的系数大于邻点系数之和的要求仍然满足,迭代法可以获得收敛的结果。

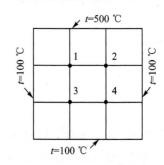

图 4-7 方形物体的网格示意图

计算: 假设 $t_1^{(0)}=t_2^{(0)}=300\ ℃$, $t_3^{(0)}=t_4^{(0)}=200\ ℃$,应用式(4-8),按高斯-赛德尔迭代得

$$t_1^{(1)} = \frac{1}{4} \times (500\ ℃ + 100\ ℃ + t_2^{(0)} + t_3^{(0)})$$

$$= \frac{1}{4} \times (500 + 100 + 300 + 200)\ ℃ = 275\ ℃$$

$$t_2^{(1)} = \frac{1}{4} \times (500\ ℃ + 100\ ℃ + t_1^{(1)} + t_4^{(0)})$$

$$= \frac{1}{4} \times (500 + 100 + 275 + 200)\ ℃ = 268.75\ ℃$$

$$t_3^{(1)} = \frac{1}{4} \times (100\ ℃ + 100\ ℃ + t_1^{(1)} + t_4^{(0)})$$

$$= \frac{1}{4} \times (100 + 100 + 275 + 200)\ ℃ = 168.75\ ℃$$

$$t_4^{(1)} = \frac{1}{4} \times (100 \ ℃ + 100 \ ℃ + t_2^{(1)} + t_3^{(1)})$$

$$= \frac{1}{4} \times (100 + 100 + 268.75 + 168.75) \ ℃ = 159.38 \ ℃$$

依此类推,可得其他各次迭代值。第 1~5 次迭代值汇总于表 4-4。其中,第 5 次与第 6 次迭代的相对偏差(按式(4-20b))已小于 2×10^{-4},迭代终止。

表 4-4   例 4-2 第 1~5 次迭代值

迭代次数	$t_1/℃$	$t_2/℃$	$t_3/℃$	$t_4/℃$
0	300	300	200	200
1	275	268.75	168.75	159.38
2	259.38	254.69	154.69	152.35
3	252.35	251.18	151.18	150.59
4	250.59	250.30	150.30	150.15
5	250.15	250.07	150.07	150.04
6	250.04	250.02	150.02	150.01

讨论:这里为了教学的方便,只取了 4 个内部节点。进行工程数值计算时,取节点数的原则为:再进一步增加节点数目时对数值计算主要结果的影响已经小到在可允许的范围之内,这时数值计算的结果基本上已与网格无关。该结果称为网格独立解(grid-independent solution)。只有与网格无关的数值解才能作为数值计算的结果。

4.4 非稳态导热问题的数值解法

非稳态导热与稳态导热的主要差别在于控制方程中多了一个非稳态项,而其中扩散项的离散方法与稳态导热是一样的。因此,本节讨论重点将放在非稳态项的离散以及扩散项离散时所取时间层的不同对计算带来的影响上。

4.4.1 时间-空间区域的离散化

首先以一维非稳态导热为例讨论时间-空间区域的离散化。如图 4-8 所示,x 为空间坐标,将计算区域划分为 $N-1$ 等份,得到 N 个空间节点;τ 为时间坐标,将时间坐标上的计算区域划分为 $I-1$ 等份,得到 I 个时间节点。从一个时间层到下一个时间层的间隔 $\Delta\tau$ 称为时间步长。空间网格线与时间网格线的交点,如 (n,i),代表了时间-空间区域中的一个节点的位置,相应的温度记为 $t_n^{(i)}$。

将函数 t 在节点 $(n,i+1)$ 对点 (n,i) 作泰勒展开,可有

$$t_n^{(i+1)} = t_n^{(i)} + \Delta\tau \left.\frac{\partial t}{\partial \tau}\right|_{n,i} + \frac{\Delta\tau^2}{2} \left.\frac{\partial^2 t}{\partial \tau^2}\right|_{n,i} + \cdots \qquad (4-24)$$

于是有

$$\left.\frac{\partial t}{\partial \tau}\right|_{n,i} = \frac{t_n^{(i+1)} - t_n^{(i)}}{\Delta\tau} + O(\Delta\tau) \qquad (4-25)$$

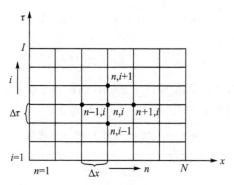

图 4 - 8   一维非稳态导热时间-空间
区域的离散化

式中,符号 $O(\Delta\tau)$ 表示余项中 $\Delta\tau$ 的最低阶为一次。由式(4 - 25)可得在点 (n,i) 处一阶导数的一种差分表示式,即

$$\left.\frac{\partial t}{\partial \tau}\right|_{n,i} = \frac{t_n^{(i+1)} - t_n^{(i)}}{\Delta\tau} \tag{4 - 26}$$

此式称为 $\left.\dfrac{\partial t}{\partial \tau}\right|_{n,i}$ 的向前差分(forward difference)。

类似地,将 t 在点 $(n,i-1)$ 对点 (n,i) 作泰勒展开,可得 $\left.\dfrac{\partial t}{\partial \tau}\right|_{n,i}$ 的向后差分(backward difference)的表达式,即

$$\left.\frac{\partial t}{\partial \tau}\right|_{n,i} = \frac{t_n^{(i)} - t_n^{(i-1)}}{\Delta\tau} \tag{4 - 27}$$

如果将 t 在点 $(n,i+1)$ 及 $(n,i-1)$ 处的展开式相加,则可得一阶导数的中心差分的表达式,即

$$\left.\frac{\partial t}{\partial \tau}\right|_{n,i} = \frac{t_n^{(i+1)} - t_n^{(i-1)}}{2\Delta\tau} \tag{4 - 28}$$

在非稳态导热问题的数值计算中,非稳态项的上述三种差分格式都有人采用,本书主要采用向前差分的格式,但也简单介绍了向后差分的格式。采用中心差分格式的有关问题,读者可参阅相关文献。

4.4.2   一维平板非稳态导热的显示格式

至此,对于形如式(4 - 29)所示的一维非稳态导热方程,如扩散项取中心差分,非稳态项取向前差分,则有

$$\frac{t_n^{(i+1)} - t_n^{(i)}}{\Delta\tau} = a\,\frac{t_{n+1}^{(i)} - 2t_n^{(i)} + t_{n-1}^{(i)}}{\Delta x^2} \tag{4 - 29a}$$

此式可进一步改写为

$$t_n^{(i+1)} = \frac{a\,\Delta\tau}{\Delta x^2}\left(t_{n+1}^{(i)} + t_{n-1}^{(i)}\right) + \left(1 - 2\,\frac{a\,\Delta\tau}{\Delta x^2}\right)t_n^{(i)} \tag{4 - 29b}$$

求解非稳态导热方程就是从已知的初始温度分布出发,根据边界条件依次求得以后各个时间层上的温度值,式(4 - 29b)是对平板中各内点进行这种计算的公式。由该式可见,一旦

i 时层上各节点的温度已知,可立即算出 $(i+1)$ 时层上各内点的温度,而不必求解联立方程,因而式(4-29)所代表的计算格式称为显式差分格式(explicit scheme)。显式格式的优点是计算工作量小,缺点是对时间步长及空间步长有一定的限制,否则会出现不合理的振荡的解,即稳定性问题,下面还要提及。

4.4.3　非稳态导热方程的隐式格式

如果把式(4-29a)中的扩散项也用 $(i+1)$ 时层上的值来表示,则有

$$\frac{t_n^{(i+1)} - t_n^{(i)}}{\Delta\tau} = a\,\frac{t_{n+1}^{(i+1)} - 2t_n^{(i+1)} + t_{n-1}^{(i+1)}}{\Delta x^2} \qquad (4-30)$$

式(4-30)中已知的是 i 时层的值 $t_n^{(i)}$,而未知量有 3 个,因此不能直接由式(4-30)立即算出 $t_n^{(i+1)}$ 之值,而必须求解 $(i+1)$ 时层的一个联立方程组才能得出 $(i+1)$ 时层各节点的温度,因而式(4-30)称为隐式差分格式(implicit scheme)。从时-空坐标系中的节点 $(n,i+1)$ 来看,式(4-30)的左端是非稳态项的一种向后差分(从 $(i+1)$ 时层的角度观察)。隐式格式的缺点是计算工作量大,但它对步长没有限制,不会出现解的振荡现象。

4.4.4　边界节点的离散方程

以上将一维非稳态导热方程中的两个导数项用相应的差分表示式代替而建立了差分方程,这种建立离散方程的方法称为泰勒展开法(因导数的表示式用泰勒展开得出而得名)。对均分网格应用这种方法比较方便。此外,还可以对平板中的一个元体直接应用能量守恒定律及傅里叶定律而导出以上离散方程,这种方法不受网格是否均分及物性是否为常数等限制,是更为一般的方法。下面对非稳态问题中的边界节点应用这种方法来建立其离散方程。

图 4-9 示出了无限大平板的右边界部分,其表面受到周围流体的冷却,表面传热系数为 h。此时边界节点 N 代表宽度为 $\Delta x/2$ 的元体(图中有阴影线的部分)。对该元体应用能量守恒定律可得

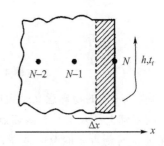

$$\lambda\,\frac{t_{N+1}^{(i)} - t_N^{(i)}}{\Delta x} + h(t_f - t_N^{(i)}) = \rho c\,\frac{\Delta x}{2}\,\frac{t_N^{(i+1)} - t_N^{(i)}}{\Delta\tau} \qquad (4-31a)$$

经整理可得

图 4-9　边界节点的离散方程的建立

$$t_N^{(i+1)} = t_N^{(i)}\left(1 - \frac{2h\,\Delta\tau}{\rho c\,\Delta x} - \frac{2a\,\Delta\tau}{\Delta x^2}\right) + \frac{2a\,\Delta\tau}{\Delta x^2}t_{N-1}^{(i)} + \frac{2h\,\Delta\tau}{\rho c\,\Delta x}t_f \qquad (4-31b)$$

式中,$\dfrac{a\,\Delta\tau}{\Delta x^2}$ 是以 Δx 为特征长度的傅里叶数,称为网格傅里叶数,$\dfrac{2h\,\Delta\tau}{\rho c\,\Delta x}$ 可作如下变化:

$$\frac{h\,\Delta\tau}{\rho c\,\Delta x} = \frac{\lambda}{\rho c}\,\frac{\Delta\tau}{\Delta x^2}\,\frac{h\,\Delta x}{\lambda} = \frac{a\,\Delta\tau}{\Delta x^2}\,\frac{h\,\Delta x}{\lambda} = Fo_\Delta Bi_\Delta$$

式中,Fo_Δ 及 Bi_Δ 分别为网格傅里叶数及网格毕渥数。于是式(4-31b)又可改写为

$$t_N^{(i+1)} = t_N^{(i)}(1 - 2Fo_\Delta Bi_\Delta - 2Fo_\Delta) + 2Fo_\Delta t_{N-1}^{(i)} + 2Fo_\Delta \cdot Bi_\Delta t_f \qquad (4-31c)$$

多维非稳态导热问题应用热平衡法建立离散方程的过程与上类似,为节省篇幅这里不再

展开,读者可从本章后的练习中得到这种训练。

4.4.5　一维平板非稳态导热显式格式离散方程组及稳定性分析

现在可以把第三类边界条件下厚度为 2δ 的大平板的数值计算问题进行归纳。由于问题的对称性,只要求解一半厚度即可,其数学描写见式(4-29)~式(4-31)。设将计算区域分为 $(N-1)$ 等份(N 个节点,见图 4-10),节点 1 为绝热的对称面,节点 N 为对流边界,则与微分形式的数学描写相对应的显式离散形式为

$$t_n^{(i+1)} = Fo_\Delta(t_{n+1}^{(i)} + t_{n-1}^{(i)}) + (1 - 2Fo_\Delta)t_n^{(i)}, \quad n = 1, 2, \cdots, N-1 \tag{4-32}$$

$$t_n^{(1)} = t_0, \qquad n = 1, 2, \cdots, N-1 \tag{4-33}$$

$$t_N^{(i+1)} = t_N^{(i)}(1 - 2Fo_\Delta \cdot Bi_\Delta - 2Fo_\Delta) + 2Fo_\Delta t_{N-1}^{(i)} + 2Fo_\Delta \cdot Bi_\Delta t_f \tag{4-34}$$

$$t_{-1}^{(i)} = t_2^{(i)} \tag{4-35}$$

其中,式(4-35)是绝热边界的一种离散方式,在确定 $t_1^{(i+1)}$ 之值时需要用到 $t_{-1}^{(i)}$。根据对称性该值等于 $t_2^{(i)}$。这样,从已知的初始分布 t_0 出发,利用式(4-32)及式(4-34)可以依次求得第 2 时层、第 3 时层直到第 i 时层上的温度值(见图 4-8)。至于空间步长 $\Delta\tau$ 及时间步长 Δx 的选取,原则上步长越小,计算结果越接近于精确解,但所需的计算机内存及计算时间则大大增加。此外,$\Delta\tau$ 与 Δx 之间的关系还受到显式格式稳定性的影响。下面先从离散方程的结构来分析,说明稳定性限制的物理意义,再通过数值计算实例予以说明。

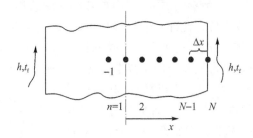

图 4-10　计算无限大平板导热的网格划分

式(4-32)的物理意义是很明确的。该式表明,点 n 上 $(i+1)$ 时刻的温度是在该点 i 时刻温度的基础上计及了左右两邻点温度的影响后得出的。假如两邻点的影响保持不变,合理的情况是:i 时刻点 n 的温度越高,则其相继时刻的温度也较高;反之,i 时刻点 n 的温度越低,则其相继时刻的温度也较低。在差分方程中要满足这种合理性是有条件的,即式(4-32)中 $t_n^{(i)}$ 项的系数必须大于或等于零,为此必须保证

$$Fo_\Delta = \frac{a\Delta\tau}{\Delta x^2} \leqslant \frac{1}{2} \tag{4-36}$$

否则将会出现十分不合理的情况。

式(4-36)是从一维问题显式格式的内节点方程得出的限制条件。这一条件对于时间步长的选择给出了限制:在给定的空间步长下,最大的时间步长必须满足式(4-36)。同样的讨论还可以对显式格式的对流边界节点方程式(4-34)进行。显然,为了得出合理的解应有

$$1 - 2Fo_\Delta \cdot Bi_\Delta - 2Fo_\Delta \geqslant 0 \tag{4-37a}$$

即

$$Fo_\Delta \leqslant \frac{1}{2(1+Bi_\Delta)} \tag{4-37b}$$

显然,这一要求比内点的限制还要苛刻。当由边界条件及内节点的稳定性条件得出的 Fo_Δ 不同时,应以较小的 Fo_Δ 为依据来确定所允许采用的时间步长。当然,对第一类或第二类边界条件的问题,则只有内点的限制条件。

例题 4 – 3　厚 $2\delta = 0.06$ m 的无限大平板受对称的冷却,初始温度 $t_0 = 100$ ℃。在初始瞬间,平板突然被置于 $t_\infty = 0$ ℃的流体中。已知平板的 $\lambda = 40$ W$(m \cdot K)$,$h = 1\ 000$ W/$(m^2 \cdot K)$,试用数值法求解其温度分布。取 $Fo_\Delta = 1$。

解:

分析: 取 $\Delta x = 0.01$ m,则

$$Bi_\Delta = \frac{h\Delta x}{\lambda} = \frac{1\ 000\ \text{W/(m}^2 \cdot \text{K)} \times 0.01\ \text{m}}{40\ \text{W(m} \cdot \text{K)}} = 0.25$$

按式(4 – 37b),网格 Fo 小于 $\frac{1}{2.50}$ 时格式才稳定,所以 $Fo_\Delta = 1$ 的计算结果将会振荡。

计算: 计算结果如表 4 – 5 所列。

表 4 – 5　例题 4 – 3 计算所得温度分布　　　　　　　　　　℃

n	i							
	0	1	2	3	4	5	6	7
0	100	100	100	100	60	148	−109.6	550
1	100	100	100	80	104	19.2	220.2	−328.9
2	100	100	80	84	63.2	91.4	0.9	220
3	100	80	64	67.2	50.6	73.1	0.72	176

讨论: 由表 4 – 5 可以看出,从 $i = 3$ 这一时刻起出现了这样的情况:各点温度随时间作忽高忽低的波动,并且波动幅度越来越大;某点温度越高反使其相继时刻的温度越低,例如 $t_0^{(3)} > t_1^{(3)}$,但 $t_0^{(4)} < t_1^{(4)}$。这种现象是荒谬的,它违反了热力学第二定律。因为这意味着,在该时间间隔中从某一时刻起热量将自动地由低温点向高温点传递。数值计算中出现的这种计算结果忽高忽低的波动现象,数学上称为不稳定性。这个例题表明,保证数值计算的稳定性(stability)是很重要的。

习　题

4 – 1　试用数值计算证实,对方程组

$$\begin{cases} x_1 + x_2 - 2x_3 = 1 \\ x_1 + x_2 + x_3 = 3 \\ 2x_1 + 2x_2 + x_3 = 5 \end{cases}$$

用高斯-赛德尔迭代法求解,其结果是发散的,并分析其原因。

4 – 2　试对习题 4 – 2 图所示的等截面直肋的稳态导热问题用数值方法求解节点 2 和 3 的温度。图中 $t_0 = 85$ ℃,$t_f = 25$ ℃,$h = 30$W/$(m^2 \cdot K)$,肋高 $h = 4$ cm,纵剖面面积 $A_L =$

4 cm^2,导热系数 $\lambda = 20\text{ W}(\text{m}\cdot\text{K})$。

4-3 极坐标中常物性无内热源的非稳态导热微
分方程为

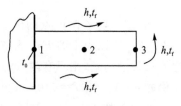

$$\frac{\partial t}{\partial \tau} = a\left(\frac{\partial^2 t}{\partial r^2} + \frac{1}{r}\frac{\partial t}{\partial r} + \frac{1}{r^2}\frac{\partial^2 t}{\partial \varphi^2}\right)$$

试利用习题4-3图中的符号,列出节点(i,j)的差分方
程式。

习题 4-2 图

4-4 一金属短圆柱在炉内受热后被竖直地移植
到空气中冷却,底面可以认为是绝热的。为用数值法确定冷却过程中柱体温度的变化,取中心
角为1 rad的区域来研究(见习题4-4图)。已知柱体表面发射率、自然对流表面传热系数、环
境温度、金属的热扩散率,试列出图中节点$(1,1)$,$(m,1)$,(M,n)及(M,N)的离散方程式。
设在r及z方向上网格是各自均分的。

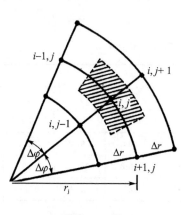

习题 4-3 图

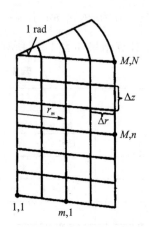

习题 4-4 图

4-5 等截面直肋,高为H,厚为δ,肋根温度为t_0,流体温度为t_f,表面传热系数为h,肋
片导热系数为λ。将它均分成4个节点(见习题4-5图),并对肋端为绝热及为对流边界条件
(h同侧面)的两种情况列出节点2,3,4的离散方程式。设$H=45\text{ mm}$,$\delta=10\text{ mm}$,$t_0=100\text{ ℃}$,
$t_f=20\text{ ℃}$,$h=50\text{ W}/(\text{m}^2\cdot\text{K})$,$\lambda=50\text{ W}/(\text{m}\cdot\text{K})$,计算节点2,3,4的温度(对于肋端的两种
边界条件)。

4-6 直径为1 cm、长4 cm的钢制圆柱形肋片,初始温度为25 ℃,其后,肋基温度突然
升高到200 ℃,同时温度为25 ℃的气流横向掠过该肋片,肋端及两侧的表面传热系数均为
$100\text{ W}/(\text{m}^2\cdot\text{K})$。试将该肋片等分成两段(见习题4-6图),并用有限差分法显式格式计算
从开始加热时刻起相邻4个时刻上的温度分布(以稳定性条件所允许的时间间隔为计算依
据)。已知$\lambda=43\text{ W}/(\text{m}\cdot\text{K})$,$a=1.333\times10^{-5}\text{ m}^2/\text{s}$。提示:节点4的离散方程可按端面的对
流散热与从节点3到节点4的导热相平衡这一条件列出。

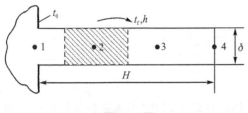 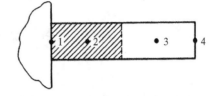

习题 4-5 图　　　　　　　　　　习题 4-6 图

4-7　火箭燃烧器的壳体内径为 400 mm,厚 10 mm,壳体内壁上涂了一层厚为 2 mm 的包裹层。火箭发动时,推进剂燃烧生成温度为 3 000 ℃的烟气,经燃烧器端部的喷管喷往大气。大气温度为 30 ℃。设包裹层内壁与燃气间的表面传热系数为 2 500 W/(m·K),外壳表面与大气间的表面传热系数为 350 W/(m²·K),外壳材料的最高允许温度为 1 500 ℃。试用数值法确定:为使外壳免受损坏,燃烧过程应在多长时间内完成。包裹材料的 $\lambda=0.3$ W/(m·K),$a=2\times10^{-7}$m²/s,外壳的 $\lambda=10$ W/(m·K),$a=5\times10^{-6}$m²/s。

4-8　一个长方形截面的冷空气通道的尺寸如习题 4-8 图所示。假设在垂直于纸面的方向上冷空气及通道墙壁的温度变化很小,可以忽略。试用数值方法计算下列两种情况下通道壁面的温度分布及每米长度上通过壁面的冷量损失:

(1) 内外壁分别维持在 10 ℃及 30 ℃;

(2) 内外壁与流体发生对流换热,且 $t_{f1}=10$ ℃,$h_1=18$ W/(m²·K),$t_{f2}=30$ ℃,$h_2=5$ W/(m²·K)。

4-9　一个家用烤箱处于稳定运行状态,其工作示意图见习题 4-9 图,箱内空气平均温度 $t_i=150$ ℃,气体与内壁间的表面传热系数 $h_i=35$ W/(m²·K)。外壁面与 20 ℃的周围环境间的表面传热系数 $h_o=20$ W/(m²·K)。烤箱保温层厚 30 mm,$\lambda=0.03$ W/(m·K);保温层两侧的护板用金属制成且很薄,分析中可不予考虑。突然将烤箱调节器开大,风扇加速,内壁温度突然上升到 180 ℃,设升温过程中烤箱外壁面与环境间的表面传热系数可用 $h_o=c(t_w-t_f)^{1/4}$ 计算,环境温度 t_f 仍保持为 20 ℃,t_w 为烤箱外壁面温度,$c=465$ J/(kg·K)。试确定烤箱内壁温度跃升后到达新的稳定状态所需的时间。

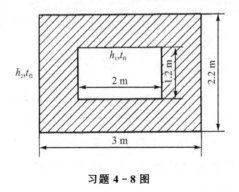 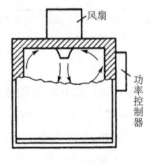

习题 4-8 图　　　　　　　　　　习题 4-9 图

第 5 章　热辐射

热辐射是不同于热传导和热对流的另一种热量传递方式,它不需要通过任何介质来实现热量的传递,而是由物体直接发出热射线来达到能量传递的目的。显然,研究热辐射就会采用与其他两种热量传递方式不同的分析和处理办法。本章从黑体辐射的研究入手,介绍黑体辐射的基本定律及其辐射换热的规律,进而讨论实际物体的辐射和吸收特性。

5.1　热辐射的基本概念

前面在绪论中已经提到,作为热量传递基本方式之一的热辐射,是借助于电磁波的能量传播过程。所有物质由于分子和原子振动的结果,都会连续不断地向外发射电磁波。电磁波的波长范围很广,从波长达数百米的无线电波到波长小于 10^{-14} m 的宇宙射线。图 5-1 所示为电磁波的波谱。各种射线不仅产生的原因各不相同,而且性质也各异。本章只研究由物质的热运动而产生的电磁辐射,即热辐射。热辐射处于整个电磁波谱的中段,即辐射光谱为 $1 \times 10^{-1} \sim 1 \times 10^{3} \mu m$ 之间的波长部分。只要物体的温度高于绝对零度,其内微观粒子就处于受激状态,从而物体不断地向外发射辐射能。

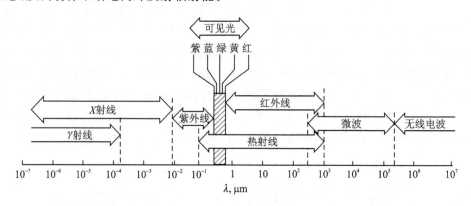

图 5-1　电磁波的波谱

有两种理论可以解释辐射传递能量的现象,即经典的电磁波理论和量子理论。在大多数情况下,这两种理论得出的结果十分一致。本质上,辐射能的真实本质(波或光子)对工程技术人员来说并不重要,我们重点研究热辐射的工程应用。工程上最感兴趣的是波长为 0.38~0.76 μm 的可见光和波长从可见光谱的红端之外延伸到 1 000 μm 的红外线。有时以波长 25 μm 为界,又将红外线区分为近红外区和远红外区。

一个物体如果与另一个物体相互能够看见,那么它们之间就会发生辐射热交换。而交换的辐射换热量不仅与两个物体的温度有关,而且与物体的形状大小和相互位置有关,同时还与物体所处的环境密切相关。

当热辐射的能量投射到物体表面上会被物体吸收、反射和穿透,如图 5-2 所示。如果单位时间投射到单位物体表面的辐射能(投入辐射)为 Q,那么被表面反射的部分为 Q_ρ,吸收部分为 Q_α,穿透部分为 Q_τ。由物体表面的热平衡有

$$Q = Q_\alpha + Q_\rho + Q_\tau \qquad (5-1a)$$

或

$$\frac{Q_\alpha}{Q} + \frac{Q_\rho}{Q} + \frac{Q_\tau}{Q} = 1 \qquad (5-1b)$$

其中,三部分能量的份额 Q_α/Q、Q_ρ/Q、Q_τ/Q 分别称为该物体对投入辐射的吸收比、反射比和穿透比,记为 α、ρ、τ。于是有

$$\alpha + \rho + \tau = 1 \qquad (5-2)$$

实际上,当热辐射投射到固体或液体表面时,一部分被反射,其余部分在很薄的表面层内就被完全吸收了,所以吸收和反射可以视为一个表面过程。由于热射线不能穿过固体和液体,因此,对于固体和液体,可以认为对热辐射的穿透比为零,式(5-2)简化为 $\alpha + \rho = 1$。

当热辐射投射到气体时,由于气体不能反射热射线,可以认为对热辐射的反射比为零,式(5-2)简化为 $\alpha + \tau = 1$。所以气体对热射线的吸收和穿透是在空间中进行的,其自身的辐射也是在空间中完成的。因此,气体的热辐射是容积辐射,其表面状况则无关紧要。

由于不同物体的吸收比、反射比和穿透比因具体条件不同差别很大,给热辐射的计算带来很大困难。为了使问题简化,定义了一些理想物体。对于穿透比 $\tau = 1$ 的物体称为透明体。在热辐射研究中完全的透

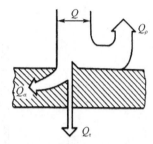

图 5-2　物体对热辐射的吸收、反射和穿透

明体是不存在的,但在一定条件下,如玻璃材料对于可见光和空气对于红外线,可视为透明体。

反射比 $\rho = 1$ 的物体称为白体(具有漫反射的表面)或镜体(具有镜反射的表面)。镜反射的特点是反射角等于入射角,如图 5-3(a)所示。漫反射时被反射的辐射能在物体表面上方空间各个方向上均匀分布,如图 5-3(b)所示。物体表面对热辐射的反射情况取决于物体表面的粗糙程度和投射辐射能的波长。把一个球投到固体表面上时,如果球的直径远大于固体表面的粗糙度,则很容易形成镜面反射,如篮球在球场上的运动;但是当球的直径与固体表面的粗糙度具有同一数量级时,则容易形成漫反射。这里还应指出,漫反射表面的自身辐射也是漫发射的,而镜反射表面的自身辐射也是镜发射的。对全波长范围的热辐射能,完全镜反射或完全漫反射的实际物体是不存在的,绝大多数工程材料在工业温度范围(温度小于 2 000 K)内对热辐射的反射可近似于漫反射。

当吸收比 $\alpha = 1$ 时,所有入射辐射的能量全部都被物体吸收,这种理想的吸收体则称为绝对黑体,简称黑体。应当注意,黑体能全部吸收所有投射在它上面的一切波长和所有方向上的辐射,在所有物体中,它吸收热辐射的能力最强。黑体可以用来作为比较实际物体发射辐射能的标准。

黑体是一种理想物体,在自然界是不存在的,只有少数表面,如炭黑、金刚砂、金黑等吸收辐射能的能力近似于黑体。但可以人工制造出接近于黑体的模型。图 5-4 所示为一个人工

黑体模型:一个内表面吸收率比较高的空腔,空腔的壁面上有一个小孔,进入其中的热射线,经过多次吸收和反射,只有极小量的热射线能够从开孔处出来,相当于小孔的吸收比接近于1,即接近于黑体。研究黑体的辐射在热辐射研究中具有重要的理论意义和实用价值,因而也是讨论热辐射的重要内容。

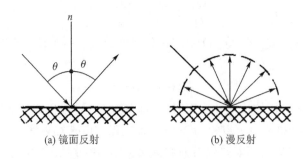

(a) 镜面反射　　　　　(b) 漫反射

图 5-3　镜面反射与漫反射示意图

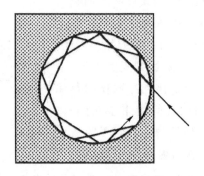

图 5-4　人工黑体模型示意

5.2　黑体辐射基本定律

黑体热辐射有三个基本定律,它们分别从不同角度揭示了在一定温度下,单位表面黑体辐射能的多少及其在空间方向与随波长分布的规律。

5.2.1　斯忒藩-玻耳兹曼定律

为了定量表述单位黑体表面在一定温度下向外界辐射能量的多少,需要引入辐射力的概念。单位时间内单位表面积向其上的半球空间的所有方向辐射出去的全部波长范围内的能量称为辐射力(见图 5-5),记为 E,其单位为 $\mathrm{W/m^2}$。任意微元表面 $\mathrm{d}A$ 都将空间划分为对称的两部分:该表面之上与之下,每一部分都是一个半球空间;微元面 $\mathrm{d}A$ 能向其上的半球空间发射辐射能,如图 5-5 所示,也能接受来自该半球空间的辐射能。

黑体的辐射力与热力学温度的关系由斯忒藩-玻耳兹定律规定:

$$E_{\mathrm{b}} = \sigma T^4 = \mathrm{C_0}\left(\frac{T}{100}\right)^4 \tag{5-3}$$

式中，σ 称为黑体辐射常数，其值为 5.67×10^{-8} W/($m^2 \cdot$ K^4)；C_0 称为黑体辐射系数，其值为 5.67 W/($m^2 \cdot K^4$)，下标 b 表示黑体。

这一定律现又称为辐射四次方定律，是热辐射工程计算的基础。四次方定律表明，随着温度的上升，辐射力急剧增加。

半球空间

图 5-5　半球空间的图示

5.2.2　光谱辐射定律

普朗克（Planck）定律揭示了黑体辐射能按波长分布的规律。为了进行定量描述需要引入光谱辐射力的概念。

1. 光谱辐射力

单位时间内单位表面积向其上的半球空间的所有方向辐射出去的在包含波长 λ 在内的单位波长内的能量称为光谱辐射力，记为 $E_{b\lambda}$，单位为 W/($m^2 \cdot$ m)或者 W/($m^2 \cdot \mu m$)。注意：这里分母中的 m 表示了单位波长的宽度，由于 m 对于热辐射的波长宽度而言太大，因而常采用 μm 来代替。

2. 普朗克定律

黑体的光谱辐射力随波长的变化由以下的普朗克定律所描述：

$$E_{b\lambda} = \frac{c_1 \lambda^{-5}}{e^{c_2/(\lambda T)} - 1} \tag{5-4}$$

式中，$E_{b\lambda}$ 为黑体光谱辐射力，W/m^3；λ 为波长，m；T 为黑体热力学温度，K；e 为自然对数的底；c_1 为第一辐射常量，3.7419×10^{-16} W/m^2；c_2 为第二辐射常量，1.4388×10^{-2} m·K。

由图 5-6 可见，黑体的光谱辐射力随着波长的增加，先是增大，然后又减小。光谱辐射力最大处的波长 λ_m 亦随温度不同而变化。从图 5-6 上的光谱辐射力分布曲线可以发现，随着温度的增高，曲线的峰值向左移动，即移向较短的波长。最大光谱辐射力的波长 λ_m 与温度 T 之间存在着如下的关系：

$$\lambda_m T = 2.8976 \times 10^{-3} \, m \cdot K \approx 2.9 \times 10^{-3} m \cdot K \tag{5-5}$$

此式表达的波长 λ_m 与温度 T 成反比的规律称为维恩位移定律。历史上，维恩位移定律的发现在普朗克定律之前，但式（5-5）可以通过将式（5-4）对 λ_m 求导并使其等于零而得出。关于黑体辐射能按波长分布的普朗克定律在 20 世纪的科学发展史上具有重要意义：普朗克在能量上具有粒子性，即能量不连续的前提下导得上述公式，这与当时经典物理学界的观点是完全相反的。这一全新概念的创立开辟了量子力学的新天地。

3. 普朗克定律与斯忒藩-玻耳兹曼定律的关系

在图 5-7 所示的光谱辐射力曲线下面的面积就是该温度下黑体的辐射力，因而有

$$E_b = \int_0^\infty E_{b\lambda} d\lambda = \int_0^\infty \frac{c_1 \lambda^{-5}}{e^{c_2/(\lambda T)} - 1} d\lambda \tag{5-6}$$

4. 黑体辐射能按波段的分布

为了确定在某个特定的波段范围内黑体的辐射能，例如，从波长为零到某个值 λ，可以进行如下积分：

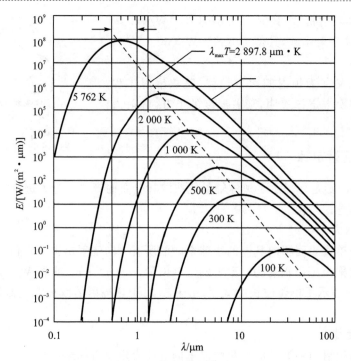

图 5-6 普朗克定律图示

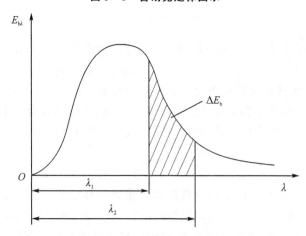

图 5-7 特定波长区段内的黑体辐射能

$$E_{b(0-\lambda)} = \int_0^\lambda E_{b\lambda} \mathrm{d}\lambda \tag{5-7}$$

这份能量在黑体辐射力中所占的百分数则为

$$F_{b(0-b)} = \frac{\int_0^\lambda E_{b\lambda} \mathrm{d}\lambda}{\sigma T^4} = \int_0^{\lambda T} \frac{c_1 (\lambda T)^{-5}}{\mathrm{e}^{c_2/(\lambda T)} - 1} \frac{1}{\sigma} \mathrm{d}(\lambda T) = f(\lambda T) \tag{5-8}$$

式(5-8)表明这一百分数仅是以 λT 为自变量的函数,称为黑体辐射函数。表5-1中给出了以 $\mu \mathrm{m} \cdot \mathrm{K}$ 作为 λT 的单位的黑体辐射函数值。有了黑体辐射函数,在任意两个波长 λ_2、λ_1 之间黑体的辐射能(见图5-7)就容易算出:

$$E_{b(\lambda_1 - \lambda_2)} = F_{b(\lambda_1 - \lambda_2)} E_b = (F_{b(0-\lambda_2)} - F_{b(0-\lambda_1)}) E_b \tag{5-9}$$

表 5 - 1　黑体辐射函数表

$\lambda T/$ ($\mu m \cdot K$)	$F_{b\langle0-\lambda\rangle}$ $\times10^2$	$\lambda T/$ ($\mu m \cdot K$)	$F_{b\langle0-\lambda\rangle}$ $\times10^2$	$\lambda T/$ ($\mu m \cdot K$)	$F_{b\langle0-\lambda\rangle}$ $\times10^2$	$\lambda T/$ ($\mu m \cdot K$)	$F_{b\langle0-\lambda\rangle}$ $\times10^2$
1 000	0.032 079	5 200	65.796 13	10 800	92.874 96	19 200	98.390 23
1 100	0.091 116	5 300	66.937 68	11 000	93.187 7	19 400	98.434 74
1 200	0.213 382	5 400	68.035 04	11 200	93.482 73	19 600	98.477 64
1 300	0.431 568	5 500	69.089 84	11 400	93.761 25	19 800	98.518 99
1 400	0.778 956	5 600	70.103 69	11 600	94.024 38	20 000	98.558 87
1 500	1.284 984	5 700	71.078 19	11 800	94.273 15	21 000	98.738 3
1 600	1.971 787	5 800	72.014 86	12 000	94.508 51	22 000	98.889 31
1 700	2.853 255	5 900	72.915 24	12 200	94.731 34	23 000	99.017 29
1 800	3.934 047	6 000	73.780 78	12 400	94.942 43	24 000	99.126 45
1 900	5.210 594	6 100	74.612 92	12 600	95.142 56	25 000	99.220 13
2 000	6.672 736	6 200	75.412 99	12 800	95.332 4	26 000	99.300 95
2 100	8.305 058	6 300	76.182 37	13 000	95.512 6	27 000	99.371 06
2 200	10.088 68	6 400	76.922 32	13 200	95.683 76	28 000	99.432 16
2 300	12.002 71	6 500	77.634 08	13 400	95.846 43	29 000	99.485 65
2 400	14.025 44	6 600	78.318 82	13 600	96.001 12	30 000	99.532 68
2 500	16.135 36	6 700	78.977 69	13 800	96.148 31	31 000	99.574 19
2 600	18.311 8	6 800	79.611 78	14 000	96.288 45	32 000	99.610 97
2 700	20.535 48	6 900	80.222 13	14 200	96.421 94	33 000	99.643 68
2 800	22.788 76	7 000	80.809 76	14 400	96.549 17	34 000	99.672 85
2 900	25.055 86	7 100	81.375 61	14 600	96.670 5	35 000	99.698 96
3 000	27.322 82	7 200	81.920 61	14 800	96.786 27	36 000	99.722 4
3 100	29.577 55	7 300	82.445 63	15 000	96.896 78	37 000	99.743 49
3 200	31.809 72	7 400	82.951 52	15 200	97.002 33	38 000	99.762 53
3 300	34.010 62	7 500	83.439 09	15 400	97.103 19	39 000	99.779 76
3 400	36.173 02	7 600	83.909 08	15 600	97.199 62	40 000	99.795 39
3 500	38.291 08	7 700	84.362 25	15 800	97.291 86	41 000	99.809 59
3 600	40.360 12	7 800	84.799 29	16 000	97.380 12	42 000	99.822 53
3 700	42.376 54	7 900	85.220 88	16 400	97.464 62	43 000	99.834 35
3 800	44.337 64	8 000	85.627 64	16 400	97.545 56	44 000	99.845 17
3 900	46.241 54	8 200	86.399 11	16 600	97.623 11	45 000	99.855 08
4 000	48.087 03	8 400	87.118 28	16 800	97.697 46	46 000	99.864 18
4 100	49.873 46	8 600	87.789 3	17 000	97.768 77	47 000	99.872 55
4 200	51.600 68	8 800	88.415 96	17 200	97.837 18	48 000	99.880 27
4 300	53.268 95	9 000	89.001 73	17 400	97.902 85	49 000	99.887 39
4 400	54.878 86	9 200	89.549 77	17 600	97.965 91	50 000	99.893 98
4 500	56.431 27	9 400	90.062 95	17 800	98.026 48	60 000	99.938 98
4 600	57.927 26	9 600	90.543 92	18 000	98.084 69	70 000	99.962 37
4 700	59.368 07	9 800	90.995 09	18 200	98.140 65	80 000	99.975 7
4 800	60.755 11	10 000	91.418 66	18 400	98.194 46	90 000	99.983 86
4 900	62.089 85	10 200	91.816 66	18 600	98.246 24	100 000	99.989 12
5 000	63.373 86	10 400	92.190 93	18 800	98.296 06		
5 100	64.608 74	10 600	92.543 18	19 000	98.344 03		

5.2.3 兰贝特定律

兰贝特(Lambert)定律给出了黑体辐射能按空间方向的分布规律。为了说明按空间方向的分布,首先要弄清如何表示空间方向及其大小,这就须引入立体角的概念。

1. 立体角

在平面几何中用平面角来表示某一方向的空间所占的大小,其单位为弧度。类似地,可以用三维空间的立体角及微元立体角(见图5-8)来表示某一方向的空间所占的大小,它们分别定义为

$$\Omega = \frac{A_c}{r^2}, \qquad d\Omega = \frac{dA_c}{r^2} \tag{5-10}$$

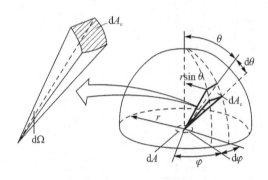

图5-8 微元立体角与半球空间几何参数的关系

在图5-8所示的球坐标系中,φ 称为经度角,θ 称为纬度角。空间的方向可以用该方向的经度角和纬度角来表示。显然,要说明黑体向半球空间辐射出去的能量按不同方向分布的规律只有对不同方向的相等的立体角来比较才有意义。立体角的单位称为空间度,记为 sr。

由图5-8可得

$$dA_c = r d\theta \cdot r \sin\theta d\varphi \tag{5-11}$$

将式(5-11)代入式(5-10),可得微元立体角为

$$d\Omega = \sin\theta d\theta d\varphi \tag{5-12}$$

2. 定向辐射强度

对于黑体辐射可以预期,由于对称性在相同的纬度角下从微元黑体面积 dA 向空间不同经度角方向单位立体角中辐射出去的能量是相等的,因此研究黑体辐射在空间不同方向的分布只要查明辐射能按不同纬度角分布的规律就可以了。设面积为 dA 的黑体微元面积向围绕空间纬度角 θ 方向的微元立体角 $d\Omega$ 内辐射出去的能量为 $d\Phi(\theta)$,则实验测定表明:

$$\frac{d\Phi(\theta)}{dA d\Omega} = I\cos\theta \tag{5-13}$$

这里的 I 为常数,与 θ 方向无关。此式还可以表示为另一形式,即

$$\frac{d\Phi(\theta)}{dA d\Omega \cos\theta} = I \tag{5-14}$$

这里的 $dA\cos\theta$ 可以视为从 θ 方向看过去的面积,称为可见面积(见图5-9)。式(5-14)左端的物理量是从黑体单位可见面积发射出去的落到空间任意方向的单位立体角中的能量,称为定向辐射强度。

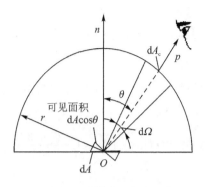

图 5 - 9　可见面积示意图

3. 兰贝特定律(余弦定律)

式(5 - 14)表明黑体的定向辐射强度是个常量,与空间方向无关。这就是黑体辐射的兰贝特定律。注意,定向辐射强度是以单位可见面积作为度量依据的,如果以单位实际辐射面积为度量依据,则是式(5 - 13)所得的结果。该式表明,黑体单位面积辐射出去的能量在空间的不同方向分布是不均匀的,按空间纬度角 θ 的余弦规律变化:在垂直于该表面的方向最大,而与表面平行的方向为零,这是兰贝特定律的另一种表达方式,称为余弦定律。

4. 兰贝特定律与斯忒藩-玻耳兹曼定律间的关系

将式(5 - 13)两端各乘以 $\mathrm{d}\Omega$,然后对整个半球空间做积分,就得到从单位黑体表明发射出去落到整个半球空间的能量,即黑体的辐射力:

$$E_{\mathrm{b}} = \int_{\Omega=2\pi} \frac{\mathrm{d}\Phi(\theta)}{\mathrm{d}A} = I_{\mathrm{b}} \int_{\Omega=2\pi} \cos\theta \,\mathrm{d}\Omega$$

将式(5 - 12)代入上式得

$$\begin{aligned}
E_{\mathrm{b}} &= I_{\mathrm{b}} \iint \cos\theta \sin\theta \,\mathrm{d}\theta \,\mathrm{d}\varphi \\
&= I_{\mathrm{b}} \int_0^{2\pi} \mathrm{d}\varphi \int_0^{\pi/2} \cos\theta \sin\theta \,\mathrm{d}\theta \\
&= I_{\mathrm{b}} \pi
\end{aligned} \tag{5 - 15}$$

因此,是遵守兰贝特定律的辐射,数值上其辐射力等于定向辐射强度的 π 倍。

现在对黑体辐射的规律作一个小结。黑体的辐射力由斯忒藩-玻耳兹曼定律确定,辐射力正比例于热力学温度的四次方;黑体辐射能量按波长的分布服从普朗克定律,而按空间方向的分布服从兰贝特定律;黑体的光谱辐射力有个峰值,与此峰值相对应的波长 λ_{m} 由维恩位移定律确定,随着温度的升高,λ_{m} 向波长短的方向移动。

例题 5 - 1　试分别计算温度为 2 000 K 和 5 800 K 的黑体的最大单色辐射力所对应的波长 λ_{m}。

解:由维恩位移定律可得

$$T = 2\,000 \text{ K 时 } \lambda_{\mathrm{m}} = \frac{2.9 \times 10^{-3}\,\mathrm{m} \cdot \mathrm{K}}{2\,000\ \mathrm{K}} = 1.45 \times 10^{-6}\,\mathrm{m} = 1.45\ \mu\mathrm{m}$$

$$T = 5\,800 \text{ K 时 } \lambda_{\mathrm{m}} = \frac{2.9 \times 10^{-3}\,\mathrm{m} \cdot \mathrm{K}}{5\,800\ \mathrm{K}} = 0.50 \times 10^{-6}\,\mathrm{m} = 0.50\ \mu\mathrm{m}$$

例题 5 - 2　黑体表面置于室温为 27 ℃ 的厂房中,试求在热平衡条件下黑体表面的辐射力。如果黑体加热到 327 ℃,它的辐射力又是多少?

解: 所谓的热平衡就是指黑体表面温度与环境温度相同,即等于 27 ℃。

按式(5-3),辐射力为

$$E_{b1} = C_0 \left(\frac{T_1}{100}\right)^4 = 5.67 \ \text{W/(m}^2 \cdot \text{K}^4) \times \left(\frac{27+273}{100}\right)^4 \ \text{K}^4 = 459 \ \text{W/m}^2$$

327 ℃黑体的辐射力为

$$E_{b2} = C_0 \left(\frac{T_2}{100}\right)^4 = 5.67 \ \text{W/(m}^2 \cdot \text{K}^4) \times \left(\frac{327+273}{100}\right)^4 \ \text{K}^4 = 7\ 350 \ \text{W/m}^2$$

5.3 固体和液体的辐射特性

前面指出,黑体是研究热辐射的标准物体,对于实际物体(包括固体、液体与气体)的辐射特性,将在与黑体的辐射特性进行对比的基础上进行研究。由于实际物体不能完全吸收投入到其表面上的辐射能量,因此它们的吸收特性还需要单独介绍。气体的辐射与吸收特性与固体和液体有较大的差别,将另行讨论,本节中只介绍固体和液体的辐射特性。

5.3.1 实际物体的辐射力

实际物体的辐射力 E 总是小于同温度下黑体的辐射力 E_b,两者的比值称为实际物体的发射率(习惯上称为黑度),记为 ε,即

$$\varepsilon = \frac{E}{E_b} \tag{5-16}$$

因此实际物体的辐射力可以表示为

$$E = \varepsilon E_b = \varepsilon \sigma T^4 = \varepsilon C_0 \left(\frac{T}{100}\right)^4 \tag{5-17}$$

习惯上,式(5-17)也称为四次方定律,这是实际物体辐射换热计算的基础。其中,物体的发射率一般通过实验测定,它仅取决于物体自身,而与周围环境条件无关。

5.3.2 实际物体的光谱辐射力

实际物体的光谱辐射力往往随波长作不规则的变化,图 5-10 示出了同温度下某实际物体和黑体的 $E_\lambda = f(\lambda, T)$ 的代表性曲线。图上曲线下的面积分别表示各自的辐射力。

实际物体的光谱辐射力按波长分布的规律与普朗克定律不同,但定性上是一致的。在加热金属时可以观察到:当金属温度低于 500 ℃时,由于实际上没有可见光辐射,人们觉察不到金属颜色的变化,但随着温度的升高,金属将相继呈现暗红、鲜红、橘黄等颜色,当温度超过 1 300 ℃时将出现白炽。金属在不同温度下呈现的各种颜色,说明随着温度的升高,热辐射中可见光中短波的比例不断增加。

图 5-10 表明,实际物体的光谱辐射力小于同温下的黑体同一波长下的光谱辐射力,两者之比称为实际物体的光谱发射率,即

$$\varepsilon(\lambda) = \frac{E_\lambda}{E_{b\lambda}} \tag{5-18}$$

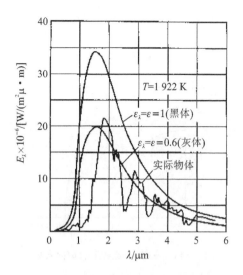

图 5 - 10　实际物体的光谱辐射力示意图

显然,光谱发射率与实际物体的发射率之间有如下关系:

$$\varepsilon = \frac{E}{E_b} = \frac{\int_0^\infty \varepsilon(\lambda) E_{b\lambda} \, d\lambda}{\sigma T^4} \qquad (5-19)$$

值得指出,实验结果发现,实际物体的辐射力并不严格地同热力学温度的四次方成正比,但要对不同物体采用不同次方的规律来计算,实用上很不方便。所以,在工程计算中仍认为一切实际物体的辐射力都与热力学温度的四次方成正比,而把由此引起的修正包括到用实验方法确定的发射率中去。由于这个原因,发射率还与温度有依变关系。

5.3.3　实际物体的定向辐射强度

实际物体辐射按空间方向的分布,亦不尽符合兰贝特定律。这就是说实际物体的定向辐射强度在不同方向上有所变化。为了说明不同方向上定向辐射强度的变化,下面给出定向发射率(又称定向黑度)的定义:

$$\varepsilon(\theta) = \frac{I(\theta)}{I_b(\theta)} = \frac{I(\theta)}{I_b} \qquad (5-20)$$

式中,$I(\theta)$ 为与辐射面法向成 θ 的方向上的定向辐射强度;I_b 为同温度下黑体的定向辐射强度。

1. 定向发射率随 θ 角的变化规律

首先,对于黑体表面,定向发射率在极坐标中是半径为 1 的半圆;对于定向辐射强度随 θ 的分布满足兰贝特定律的物体,其定向发射率在极坐标中是半径小于 1 的半圆,这样的物体称为漫射体(见图 5 - 11)。实验测定与电磁理论分析表明,金属与非金属的定向发射率随 θ 的变化有明显的区别,如图 5 - 12 和图 5 - 13 所示。由图可见,对于非导电体,从辐射面法向 $\theta=0°\sim60°$ 的范围内,定向发射率基本不变,当 θ 超过 60° 以后 $\varepsilon(\theta)$ 的减小是明显的,直至 $\theta=90°$ 时 $\varepsilon(\theta)$ 降为零(见图 5 - 12)。对于金属材料,从 $\theta=0°$ 开始,在一定角度范围内,$\varepsilon(\theta)$ 可以认为是个常数,然后 $\varepsilon(\theta)$ 随角度 θ 的增加急剧地增大。在接近 $\theta=90°$ 的极小角度范围内 $\varepsilon(\theta)$ 的值又有减小直至为零。

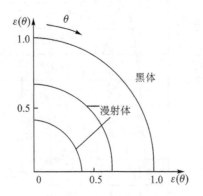

图 5 - 11　黑体与漫射体的定向发射率

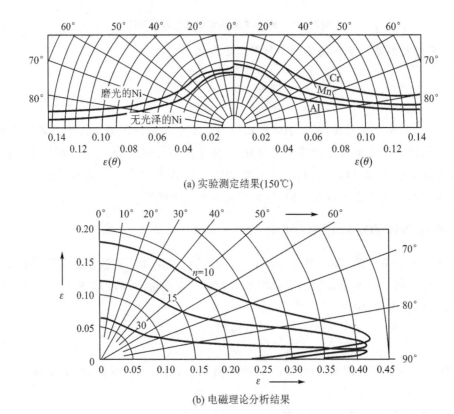

(a) 实验测定结果(150℃)

(b) 电磁理论分析结果

图 5 - 12　金属的定向发射率举例

2. 定向发射率 $\varepsilon(\theta)$ 与半球平均发射率 ε 的关系

式(5-20)所定义的 ε 实际上是物体在整个半球范围内的辐射能与黑体的辐射能量之比,为突出它与定向发射率的区别,这里特别加了"半球"这一定语。显然由能量守恒原理可得出如下关系:

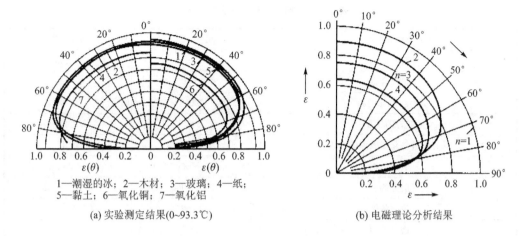

1—潮湿的冰；2—木材；3—玻璃；4—纸；
5—黏土；6—氧化铜；7—氧化铝

(a) 实验测定结果(0~93.3℃)　　　　　　(b) 电磁理论分析结果

图 5 - 13　非金属的定向发射率举例

$$\varepsilon = \frac{E}{E_b} = \frac{I_b \int_{\Omega=2\pi} \varepsilon(\theta)\,\mathrm{d}\Omega}{\pi I_b} = \frac{\int_{\Omega=2\pi} \varepsilon(\theta)\,\mathrm{d}\Omega}{\pi} \tag{5-21}$$

由图 5 - 12 和图 5 - 13 可见，无论金属还是非金属，在半球空间的大部分范围内，定向发射率基本是个常数，可以用其法向量的辐射率 ε_n 来近似代替，于是式(5 - 21)可以简化为

$$\varepsilon = M\varepsilon_n \tag{5-22}$$

把这样代替所造成的偏差用系数 M 来修正。大量实验测定表明，对于金属表面 $M=1.0\sim$ 1.3(高度磨光的表面取上限)，对非导体 $M=0.95\sim1.0$(粗糙表面取上限)。所以除了高度磨光的表面以外，工程计算中一般取 $M\approx1.0$，即 $\varepsilon=\varepsilon_n$。这一简化处理带来两个结果。首先，一般工程手册中给出的物体发射率常常是法向发射率之值，当计算高度磨光表面时，应该考虑到 ε 与 ε_n 间的差别。其次，既然大部分工程材料定向发射率可近似地取为常数，就意味着可以将它们当作漫射体，今后讨论物体表面间的辐射传热时，都将它们当作漫射体。

3. 影响物体发射率的因素

表 5 - 2 中列出了一些常用材料的发射率的实验值，由表 5 - 2 可以总结出以下一些影响物体表面发射率的因素。

物体表面的发射率取决于物质种类、表面温度和表面状况。这说明发射率只与发射辐射的物体本身有关，而不涉及外界条件。不同物质的发射率是各不相同的。例如，常温下具有光滑氧化层表皮的钢板发射率为 0.82，而镀锌铁皮的发射率只有 0.23。同一物体的发射率又随温度而变化。例如，严重氧化的铝表面在 50 ℃ 和 500 ℃ 的温度下，其发射率分别是 0.2 和 0.3。表面状况对发射率有很大影响。同一金属材料，高度磨光表面的发射率很小，而粗糙表面和受氧化作用后的表面的发射率常常为磨光表面的数倍。例如，在常温下无光泽黄铜的发射率为 0.22，而磨光后黄铜的发射率却只有 0.05。因此，在选用金属表面发射率数值时应对表面状况给予足够的关注。大部分非金属材料的发射率值都很高，一般在 0.85~0.95，且与表面状况(包括颜色在内)的关系不大，在缺乏资料时，可近似地取 0.90。

表 5-2　常用材料表面法向发射率

材料类别和表面状况	温度/℃	法向发射率 ε_n
磨光的铬	150	0.058
铬镍合金	52～1 034	0.64～0.76
灰色、氧化的铅	38	0.28
镀锌的铁皮	38	0.23
具有光滑氧化层表面的钢板	20	0.82
氧化的钢	200～600	08
磨光的铁	400～1 000	0.14～0.38
氧化的铁	125～525	0.78～0.82
磨光的铜	20	0.03
氧化的铜	50	0.6～0.7
磨光的黄铜	38	0.05
无光泽的黄铜	38	0.22
磨光的铝	50～500	0.04～0.06
严重氧化的铝	50～500	0.2～0.3
磨光的金	200～600	0.02～0.03
磨光的银	200～600	0.02～0.03
石棉纸	40～400	0.94～0.93
耐火砖	500～1 000	0.8～0.9
红砖(粗糙表面)	20	0.88～0.93
玻璃	38,85	0.94
木材	20	0.8～0.82
碳化硅涂料	1 010～1 400	0.82～0.92
上釉的瓷件	20	0.93
油毛毡	20	0.93
抹灰的墙	20	0.94
灯黑	20～400	0.95～0.97
锅炉炉渣	0～1 000	0.97～0.70
各种颜色的油漆	100	0.92～0.96
雪	0	0.8
水(厚度大于 0.1 mm)	0～100	0.96

例题 5-3　试计算温度处于 1 400 ℃的碳化硅涂料表面的辐射力。

解：碳化硅涂料是非导体,可取 $\varepsilon = \varepsilon_n$,由表 5-2 查得,碳化硅涂料在 1 400 ℃时的 $\varepsilon_n = 0.92$。根据式(5-17),其辐射力为

$$E = \varepsilon C_0 \left(\frac{T}{100} \right)^4$$

$$=0.92 \times 5.67 \mathrm{W/(m^2 \cdot K^4)} \times \left(\frac{1\,400+273}{100}\right) \mathrm{K^4}$$

$$=409 \times 10^3\,\mathrm{W/m^2} = 409\,\mathrm{kW/m^2}$$

5.4　实际物体对辐射能的吸收与辐射特性

5.4.1　实际物体的吸收比

单位时间内从外界投到物体单位表面积上的辐射能称为投入辐射,在 5.1 节中已经指出,物体对投入辐射所吸收的百分数称为该物体的吸收比。实际物体的吸收比 α 的大小取决于两方面的因素:吸收物体本身的情况和投入辐射的持性。物体本身的情况指物质的种类、物体温度及表面状况。这里 α 是指投入到物体表面上各种不同波长辐射能的总体吸收比,是一个平均值。为了深入研究物体的吸收特性,有必要引进表征物体对某一波长辐射能吸收特性的物理量,即光谱吸收比。

1. 光谱吸收比

物体吸收某一特定波长辐射能的百分数称为光谱吸收比。一般地说,物体的光谱吸收比与波长有关。图 5-14 和图 5-15 分别给出了一些金属导电体和非导电体材料在室温下光谱吸收比随波长的变化。有些材料,如图 5-14 中磨光的铝和磨光的钢,光谱吸收比随波长的变化不大。但另一些材料,如图 5-15 中的白瓷砖,在波长小于 $2\,\mu\mathrm{m}$ 时 $\alpha(\lambda)$ 小于 0.2,而在波长大于 $5\,\mu\mathrm{m}$ 时 $\alpha(\lambda)$ 高于 0.9,$\alpha(\lambda)$ 随波长的变化很大。

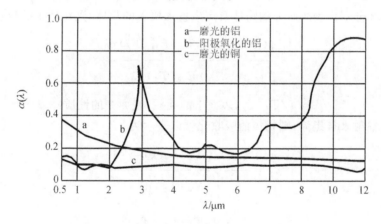

图 5-14　铜与铝的光谱吸收比与波长的关系

2. 实际物体的吸收具有选择性

物体的光谱吸收比随波长而异的这种特性称为物体的吸收具有选择性。在工农业生产中常常利用这种选择性的吸收来达到一定的目的。植物与蔬菜栽培过程中使用的暖房就利用了玻璃对辐射能吸收的选择性:当太阳光照射到玻璃上时,由于玻璃对波长小于 $3.0\,\mu\mathrm{m}$ 的辐射能的穿透比很大,从而使大部分太阳能可以进入到暖房;暖房中的物体由于温度较低,其辐射能绝大部分位于波长大于 $3.0\,\mu\mathrm{m}$ 的红外范围内,玻璃对于波长大于 $3.0\,\mu\mathrm{m}$ 的辐射能的穿透比很小,从而阻止了辐射能向暖房外散失,这就是所谓的"温室效应"。焊接工人在焊工件时要

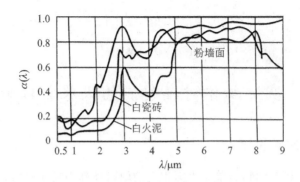

图 5-15　部分非导体的光谱吸收比与波长的关系

戴上一副黑色的眼镜,就是为了使对人体有害的紫外线能被特种玻璃所吸收。特别值得指出,世间万物呈现不同的颜色的主要原因也在于选择性的吸收与辐射。当阳光照射到一个物体表面上时,如果该物体几乎全部吸收各种可见光,它就呈黑色;如果几乎全部反射可见光,它就呈白色;如果几乎均匀地吸收各色可见光并均匀地反射各色可见光,它就呈灰色;如果只反射了一种波长的可见光而几乎全部吸收了其他可见光,则它就呈现被反射的这种辐射线的颜色。

3. 实际物体吸收的选择性对辐射传热计算所造成的困难

实际物体的光谱吸收比对投入辐射的波长有选择性这一事实给辐射传热的工程计算带来很大的困难。这时,物体的吸收比除与自身表面的性质和温度(T_1)有关外,还与投入辐射按波长的能量分布有关。投入辐射按波长的能量分布又取决于发出投入辐射的物体的性质和温度(T_2)。因此,物体的吸收比要根据吸收一方和发出投入辐射一方两方面的性质和温度来确定。设下标 1、2 分别代表所研究的物体及产生投入辐射的物体,则物体 1 的吸收比为

$$\alpha_1 = \frac{\int_0^\infty \alpha(\lambda, T_1)\varepsilon(\lambda, T_2)E_{b\lambda}(T_2)\,\mathrm{d}\lambda}{\int_0^\infty \varepsilon(\lambda, T_2)E_{b\lambda}(T_2)\,\mathrm{d}\lambda}$$

$$= f(T_1, T_2, \text{表面 1 的性质}, \text{表面 2 的性质}) \qquad (5-23)$$

如果投入辐射来自黑体,则物体的吸收比可以表示为

$$\alpha_1 = \frac{\int_0^\infty \alpha(\lambda, T_1)E_{b\lambda}(T_2)\,\mathrm{d}\lambda}{\int_2^\infty E_{b\lambda}(T_2)\,\mathrm{d}\lambda}$$

$$= \frac{\int_0^\infty \alpha(\lambda, T_1)E_{b\lambda}(T_2)\,\mathrm{d}\lambda}{\sigma T_2^4}$$

$$= f(T_1, T_2, \text{表面 1 的性质}) \qquad (5-24)$$

对一定的物体,其对黑体辐射的吸收比是温度 T_1、T_2 的函数。若物体的光谱吸收比 $\alpha(\lambda, T_1)$ 和温度 T_2 已知,则可按式(5-23)和式(5-24)计算出物体的吸收比,其中的积分可用数值法或图解法确定。图 5-16 给出的一些材料对黑体辐射的吸收比就是按这种方法求得的。图中各材料的自身温度 T_1 为 294 K。由图 5-16 可见,即使对于黑体的投入辐射,所列物体的吸收比与投入辐射的温度有很大关系,更不用说如果投入辐射是实际物体,该物体的吸收比变化的范围会更大,在实际工程计算中要顾及如此复杂的情况是很困难的。

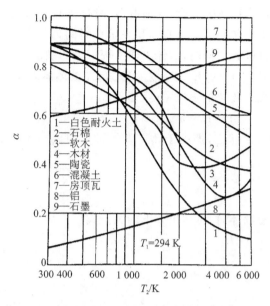

图 5 - 16　物体对黑体辐射的吸收比与温度关系的举例

5.4.2　灰体的运用及其工程运用

物体的吸收比与投入辐射有关的这一特性给工程辐射传热的计算带来很大的不便,回顾其起因全在于物体的光谱吸收比对不同波长的辐射具有选择性。如果物体的光谱吸收比与波长无关,即 $\alpha(\lambda)$＝常数,则不管投入辐射的分布如何,吸收比 α 也是同一个常数值。换句话说,这时物体的吸收比只取决于本身的情况而与外界情况无关。在热辐射分析中,把光谱吸收比与波长无关的物体称为灰体。灰体在自身的一定温度下有

$$\alpha = \alpha(\lambda) = 常数 \tag{5-25}$$

像黑体一样,灰体也是一种理想物体。工业上的辐射传热计算一般都按灰体来处理。既然实际物体或多或少都对辐射能的吸收具有选择性,为什么工程计算又可假定灰体呢? 对工程计算而言,只要在所研究的波长范围内光谱吸收比基本上与波长无关,则灰体的假定即可成立,而不必要求在全波段范围内 $\alpha(\lambda)$ 为常数。在工程常见的温度范围(≤2 000 K)内,许多工程材料都具有这一特点。在工程手册或教材中仅列出发射率之值而不给出吸收比,原因也在此。这种简化处理给辐射传热分析计算带来很大的方便。

后面还要指出,对于漫射表面,光谱吸收比与光谱发射率是相等的,因此对于漫射的灰体(简称漫灰体),在一定温度下,光谱发射比 $\varepsilon(\lambda)$ 也与波长无关,是个常数。灰体的光谱辐射力随波长的变化定性地示于图 5 - 10 中。

5.4.3　吸收比与发射率的关系——基尔霍夫定律

1. 实际物体吸收比和发射率间的关系

基尔霍夫定律揭示了实际物体的辐射力 E 与吸收比 α 之间的联系。这个定律可以从研究两个表面的辐射传热导出。假定图 5 - 17 所示的两块平板距离很近,于是从一块板发出的辐射能全部落到另一块上。若板 1 为黑体表面,其辐射力、吸收比和表面温度分别为 E_b、

$\alpha_b (=1)$ 和 T_1。板 2 为任意物体的表面，其辐射力、吸收比和表面温度分别为 E、α 和 T_2。现在考察板 2 的能量吸收支差额。板 2 自身面积在单位时间内发射出的能量为 E，这份能量投射在黑体表面 1 上时全部吸收。同时，黑体表面 1 辐射出的能量为 E_b。这份能量落到板 2 上时，只被吸收 αE_b，其余部分 $(1-\alpha)E_b$ 被反射回板 1，并被黑体表面 1 全部吸收。板 2 支出与收入的差额即为两板间辐射传热的热流密度，即

$$q = E - \alpha E_b$$

当体系处于 $T_1 = T_2$ 的状态，即处于热平衡条件下时，$q=0$，于是上式变为

$$\frac{E}{\alpha} = E_b$$

把这种关系式推广到任意物体时，可写出如下的关系式：

$$\frac{E_1}{\alpha_1} = \frac{E_2}{\alpha_2} = \cdots = \frac{E}{\alpha} = E_b \qquad (5-26)$$

也可以改写为

$$\alpha = \frac{E}{E_b} = \varepsilon \qquad (5-27)$$

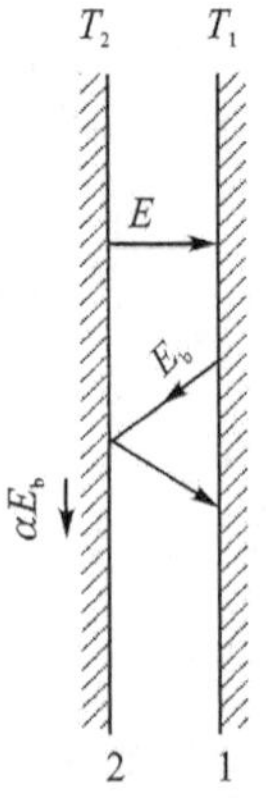

图 5-17 说明基尔霍夫定律图示

式(5-26)和式(5-27)就是基尔霍夫定律的两种数学表示式。式(5-26)可以表述为：在热平衡条件下，任何物体的自身辐射和它对来自黑体辐射的吸收比的比值恒等于同温度下黑体的辐射力。而式(5-27)则可表述为：热平衡时，任意物体对黑体投入辐射的吸收比等于同温度下该物体的发射率。

2. 漫射灰体吸收比和发射率间的关系

基尔霍夫定律告诉我们，物体的吸收比等于发射率。但是，这一结论是在"物体与黑体投入辐射处于热平衡"这样严格的条件下才成立的。进行工程辐射换热计算时，投入辐射既非黑体辐射，更不会处于热平衡。那么在什么前提下这两个条件可以去掉呢？让我们来研究漫射灰体的情形。首先，按灰体的定义其吸收比与波长无关，在一定温度下是一个常数；其次物体的发射率是物性参数，与环境条件无关。假设在某一温度 T 下，一个灰体与黑体处于热平衡，按基尔霍夫定律有 $\alpha(T) = \varepsilon(T)$。然后，考虑改变该灰体的环境，使其所受的辐射不是来自同温下的黑体辐射，但保持其自身温度不变，此时考虑到发射率及灰体吸收比的上述性质，显然仍应有 $\alpha(T) = \varepsilon(T)$。所以，对于漫灰表面一定有 $\alpha = \varepsilon$。这就是说。对于漫灰体，不论投入辐射是否来自黑体，也不论是否处于热平衡条件，其吸收比恒等于同温度下的发射率。这个结论对辐射传热计算带来实质性的简化，广泛应用于工程计算。在本书今后的讨论中，如无特别说明均假定辐射表面是具有漫射特性(包括自身辐射和反射辐射)的灰体。

由于在大多数情况下物体可以作为灰体，则由基尔霍夫定律可知，物体的辐射力越大，其吸收能力也就越大。换句话说，善于辐射的物体必然善于吸收，反之亦然。所以，同温度下黑体的辐射力最大。

3. 三个层次上的基尔霍夫定律

基尔霍夫定律有三个不同层次上的表达式，其适用条件不同，归纳于表 5-3。

表 5-3　基尔霍夫定律的三个层次表达式

层　次	数学表达式	成立条件
光谱,定向	$\varepsilon(\lambda,\varphi,\theta,T)=\alpha(\lambda,\varphi,\theta,T)$	无条件,θ 为纬度角
光谱,半球	$\varepsilon(\lambda,T)=\alpha(\lambda,T)$	漫射表面
全波段,半球	$\varepsilon(T)=\alpha(T)$	与黑体辐射处于热平衡或对漫灰表面

例题 5-4　火床炉墙内表面温度为 500 K,其光谱发射率可以近似地表示为:$\lambda\leqslant1.5\ \mu m$ 时 $\varepsilon(\lambda)=0.1$;$\lambda=1.5\sim10\ \mu m$ 时 $\varepsilon(\lambda)=0.5$;$\lambda>10\ \mu m$ 时 $\varepsilon(\lambda)=0.8$。炉墙内壁接受来自燃烧着的煤层的辐射,煤层温度为 2 000 K。设煤层的辐射可以作为黑体辐射,炉墙为漫射表面,试计算其发射率及煤层辐射的吸收比。

解:

分析:炉墙的发射率可以按定义由以下分段积分来获得:

$$\varepsilon=\varepsilon_{\lambda_1}\frac{\int_0^{\lambda_1}E_{b\lambda}\,\mathrm{d}\lambda}{E_b}+\varepsilon_{\lambda_2}\frac{\int_{\lambda_1}^{\lambda_2}E_{b\lambda}\,\mathrm{d}\lambda}{E_b}+\varepsilon_{\lambda_3}\frac{\int_{\lambda_2}^{\infty}E_{b\lambda}\,\mathrm{d}\lambda}{E_b}$$

$$=\varepsilon_{\lambda_1}F_{b(0-\lambda_1)}+\varepsilon_{\lambda_2}F_{b(\lambda_1-\lambda_2)}+\varepsilon_{\lambda_3}F_{b(\lambda_2-\infty)}$$

按定义,炉墙的吸收率为

$$\alpha=\frac{\int_0^{\infty}\alpha_\lambda(\lambda,T_1)E_{b\lambda}(T_2)\,\mathrm{d}\lambda}{\int_2^{\infty}E_{b\lambda}(T_2)\,\mathrm{d}\lambda}$$

由于炉墙为漫射体,所以有 $\varepsilon(\lambda,T)=\alpha(\lambda,T)$,由此可得

$$\alpha=\varepsilon_{\lambda_1}F_{b(0-\lambda_1)}+\varepsilon_{\lambda_2}F_{b(\lambda_1-\lambda_2)}+\varepsilon_{\lambda_3}F_{b(\lambda_2-\infty)}$$

计算:对于炉墙的发射率,有

$$\lambda_1T=1.5\ \mu m\times500\ K=750\ \mu m\cdot K,\qquad F_{b(0-\lambda_1)}=0$$

$$\lambda_2T_1=10\ \mu m\times500\ K=5\ 000\ \mu m\cdot K,\qquad F_{b(0-\lambda_2)}=0.634$$

所以

$$\varepsilon(T_1)=0.1\times0+0.5\times0.634+0.8\times(1-0.634)=0.61$$

炉墙吸收的是 2 000 K 时的辐射,应按 2 000 K 计算 λT,即

$$\lambda_1T_2=1.5\ \mu m\times2\ 000\ K=3\ 000\ \mu m\cdot K,\qquad F_{b(0-\lambda_1)}=0.274$$

$$\lambda_2T_2=10\ \mu m\times2\ 000\ K=20\ 000\ \mu m\cdot K,\qquad F_{b(0-\lambda_2)}=0.986$$

$$\alpha(T_1,T_2)=0.1\times0.274+0.5\times(0.986-0.274)+0.8\times(1-0.986)=0.395$$

讨论:由计算得 $\varepsilon(T_1)$ 与 $\alpha(T_1,T_2)$ 不相等,这主要是由于在所研究的波长范围内,$\alpha(\lambda)$ 不是常数所造成的。

5.5　辐射传热的角系数

两个表面之间的辐射传热量与两个表面之间的相对位置有很大关系,图 5-18 示出了两个等温表面间的两种极端布置情况:图 5-18(a)所示两表面无限接近,相互间的换热量最大;图 5-18(b)所示两表面位于同一平面上,相互间的辐射传热量为零。由图可以看出,两个表

面间的相对位置不同时，一个表面发出而落到另一个表面上的辐射的百分数随之而异，从而影响到传热量。本节专门研究表面的形状及空间相对位置对这个百分数的影响和计算方法。

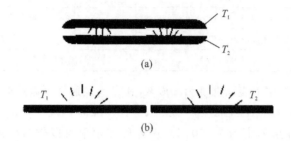

图 5 - 18　表面相对位置的影响

5.5.1　角系数的定义及计算假定

表面 1 发出的辐射能中落到表面 2 的百分数称为表面 1 对表面 2 的角系数，记为 $X_{1,2}$。同理也可以定义表面 2 对表面 1 的角系数。

在讨论角系数时，假定：① 所研究的表面是漫射的；② 在所研究表面的不同地点上向外发射的辐射热流密度是均匀的。在这两个假定下，物体的表面温度及发射率的改变只影响该物体向外发射的辐射能的多少，而不影响辐射能在空间的相对分布，因而不影响辐射能落到其他表面上的百分数。于是，角系数就纯是一个几何因子，与两个表面的温度及发射率没有关系，从而给其计算带来很大的方便。实际工程问题虽然不一定满足这些假定，但由此造成的偏差一般均在工程计算允许的范围之内，因此这种处理方法在工程中广为采用。为讨论方便，本书在研究角系数时把物体作为黑体来处理，但所得的结论对于漫灰表面均适合。

5.5.2　角系数的性质

1. 角系数的相对性

首先讨论从一个微元表面 $\mathrm{d}A_1$ 到另一个微元表面 $\mathrm{d}A_2$ 的角系数（见图 5 - 19），记为 $X_{\mathrm{d}1,\mathrm{d}2}$，下标 d1，d2 分别代表 $\mathrm{d}A_1$，$\mathrm{d}A_2$。按定义：

$$X_{\mathrm{d}1,\mathrm{d}2} = \frac{\text{落到 } \mathrm{d}A_2 \text{ 上由 } \mathrm{d}A_1 \text{ 发出的辐射能}}{\mathrm{d}A_1 \text{ 向外发出的总辐射能}}$$

$$= \frac{I_{\mathrm{b}1}\cos\theta_1 \mathrm{d}A_1 \mathrm{d}\Omega_1}{E_{\mathrm{b}1}\mathrm{d}A_1} = \frac{\mathrm{d}A_2 \cos\theta_1 \cos\theta_2}{\pi r^2} \tag{5-28}$$

类似的有

$$X_{\mathrm{d}2,\mathrm{d}1} = \frac{\mathrm{d}A_1 \cos\theta_1 \cos\theta_2}{\pi r^2} \tag{5-29}$$

由此可见

$$\mathrm{d}A_1 X_{\mathrm{d}1,\mathrm{d}2} = \mathrm{d}A_2 X_{\mathrm{d}2,\mathrm{d}1} \tag{5-30}$$

这是两微元表面间角系数相对性的表达式，它表明 $X_{\mathrm{d}1,\mathrm{d}2}$ 与 $X_{\mathrm{d}2,\mathrm{d}1}$ 不是独立的，它们受式（5-30）的制约。

两个有限大小的表面 A_1，A_2 之间的角系数的相对性可以通过分析图 5 - 20 所示两个黑

体表面间的辐射传热量而获得。两个表面间的换热量记为 $\Phi_{1,2}$，则有

$$\Phi_{1,2}=A_1 E_{b1} X_{1,2}-A_2 E_{b2} X_{2,1} \tag{5-31}$$

当 $T_1=T_2$ 时，净辐射传热为 0，则有

$$A_1 X_{1,2}=A_2 X_{2,1} \tag{5-32}$$

这是两个有限大小表面间角系数相对性的表达式。

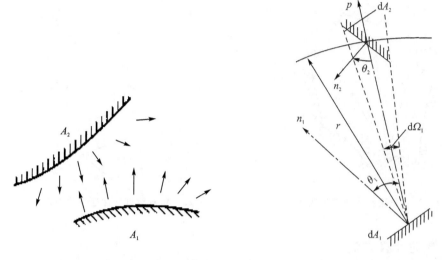

图 5-19　微元表面角系数相对性证明的图示　图 5-20　有限大小量表面间角系数的相对性证明图示

2. 角系数的完整性

对于由几个表面组成的封闭系统（见图 5-21），据能量守恒原理，从任何一个表面发射出的辐射能必能全部落到封闭系统的各表面上。因此，任何一个表面对封闭腔各表面的角系数之间存在下列关系（以表面 1 为例）：

$$X_{1,1}+X_{1,2}+X_{1,3}+\cdots+X_{1,n}=\sum_{i=1}^{n} X_{1,i}=1 \tag{5-33}$$

此式表达角系数的完整性。表面 1 为非凹表面时，$X_{1,1}=0$。若表面 1 为图 5-22 中虚线所示的凹表面，则表面 1 对自己本身的角系数 $X_{1,1}$ 不为零。

3. 角系数的可加性

考虑如图 5-22 所示表面 1 对表面 2 的角系数。由于从表面 1 落到表面 2 上的总能量等于落到表面 2 上各部分的辐射能之和，于是有

$$A_1 E_{b1} X_{1,2}=A_1 E_{b1} X_{1,2a}+A_1 E_{b1} X_{1,2b}$$

故有 $X_{1,2}=X_{1,2a}+X_{1,2b}$。

如将表面 2 进一步分成若干小块，则有

$$X_{1,2}=\sum_{i=1}^{N} X_{1,2i} \tag{5-34}$$

注意，利用角系数可加性时，只有对角系数符号中第二个角码是可加的，对角系数符号中的第一个角码则不存在类似于式(5-34)这样的关系。由于从表面 2 发出落到表面 1 上的总辐射能等于从表面 2 的各个组成部分发出而落到表面 1 上的辐射能之和，对图 5-23 所示的情况可写出

$$A_2 E_{b2} X_{2,1} = A_{2a} E_{b2} X_{2a,1} + A_{2b} E_{b2} X_{2b,1}$$

所以

$$A_2 X_{2,1} = A_{2a} X_{2a,1} + A_{2b} X_{2b,1} \tag{5-35}$$

角系数的上述特性可以用来求解许多情况下两表面间的角系数之值,下面来讨论角系数的计算问题。

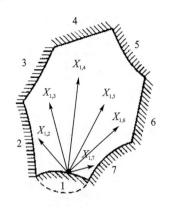

图 5-21 角系数完整性证明图示

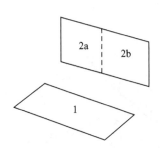

图 5-22 角系数可加性证明的图示

5.5.3 角系数的计算方法

1. 直接积分法

所谓直接积分法是按角系数的基本定义通过求解多重积分而获得角系数的方法。对图 5-23 所示的两个有限大的面积 A_1,A_2,据前面的讨论有

$$X_{d1,d2} = \frac{dA_2 \cos\theta_1 \cos\theta_2}{\pi r^2} \tag{5-36}$$

显然,微元面积 dA_1 对 A_2 的角系数应为

$$X_{d1,2} = \int_{A2} \frac{\cos\theta_1 \cos\theta_2 \, dA_2}{\pi r^2}$$

而表面 A_1 对 A_2 的角系数则可通过对式(5-36)右端作下列积分得出

$$A_1 X_{1,2} = \int_{A1} \left(\int_{A2} \frac{\cos\theta_1 \cos\theta_2 \, dA_2}{\pi r^2} \right) dA_1$$

即

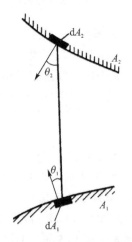

图 5-23 说明直接积分法的图示

$$X_{1,2} = \frac{1}{A_1} \int_{A1} \int_{A2} \frac{\cos\theta_1 \cos\theta_2 \, dA_2 \, dA_1}{\pi r^2} \tag{5-37}$$

这就是求解任意两表面之间的角系数的积分公式。

本章给出了一些工程计算图线(见图 5-24～图 5-26)。为扩大表示范围,这些图线常常采用对数坐标,查图时要注意对数坐标的特点以及下标 1、2 所指的表面。

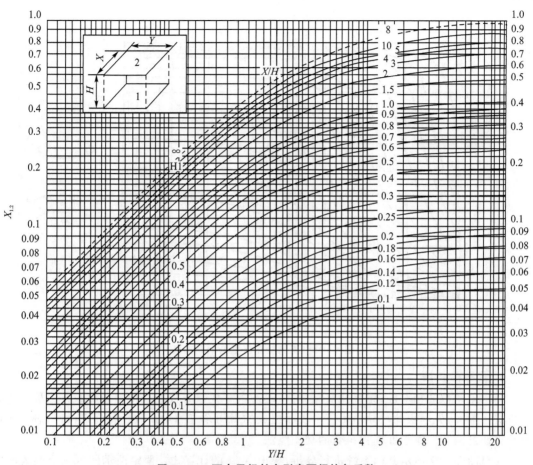

图 5 – 24　两个平行长方形表面间的角系数

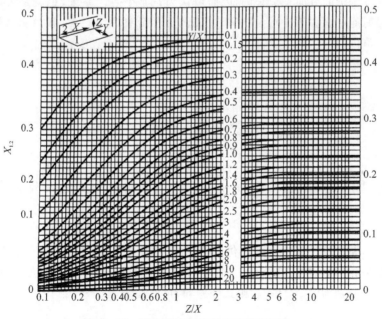

图 5 – 25　两个垂直长方形表面的角系数

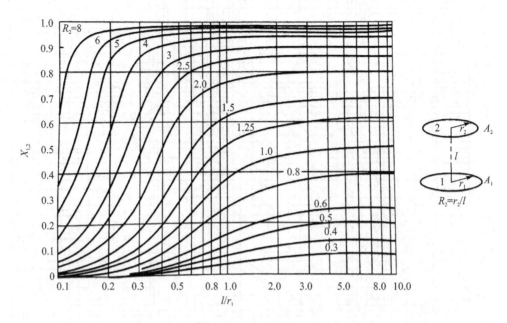

图 5-26 两同轴平行圆盘的角系数

2. 代数分析法

利用角系数的相对性、完整性及可加性,通过求解代数方程而获得角系数的方法称为代数分析法。下面,先利用此法导出由三个表面组成的封闭系统的角系数计算公式,然后进一步得出计算任意两个二维表面间角系数的交叉线法。

先对图 5-27 所示几何系统进行分析,导出 $X_{1,2}$ 的计算式。假定图示的由三个凸表面组成的系统在垂直于纸面方向是很长的,因而可认为它是个封闭系统(也就是说,从系统两端开口处逸出的辐射能可略去不计)。设三个表面的面积分别为 A_1、A_2 和 A_3。根据角系数的相对性和完整性可以写出:

$$X_{1,2} + X_{1,3} = 1 \tag{5-38}$$

$$X_{2,1} + X_{2,3} = 1 \tag{5-39}$$

$$X_{3,1} + X_{3,2} = 1 \tag{5-40}$$

$$A_1 X_{1,2} = A_2 X_{2,1} \tag{5-41}$$

$$A_1 X_{1,3} = A_3 X_{3,1} \tag{5-42}$$

$$A_2 X_{2,3} = A_3 X_{3,2} \tag{5-43}$$

这是一个六元一次联立方程组,据此式可以解出 6 个未知数的角系数。例如,$X_{1,2}$ 为

$$X_{1,2} = \frac{A_1 + A_2 - A_3}{2A_1} \tag{5-44}$$

其他五个角系数的计算式也可以仿照 $X_{1,2}$ 的模式求出。因为在垂直于纸面的方向上三个表面的长度是相同的,所以在式(5-44)中可以从分子、分母中消去。若系统横断面上三个表面的线段长度分别为 l_1、l_2 和 l_3,则式(5-34)可改写为

$$X_{1,2} = \frac{l_1 + l_2 - l_3}{2l_1} \tag{5-45}$$

下面应用代数分析法来确定图 5-28 所示的表面 A_1 和 A_2 之间的角系数。假定在垂直于纸面的方向上表面的长度是无限延伸的。作辅助线 ac 和 bd，它们代表在垂直于纸面的方向上无限延伸的两个表面。可以认为，它们连同表面 A_1、A_2 构成一个封闭系统。在此系统里，根据角系数的完整性，表面 A_1 对 A_2 的角系数为

$$X_{ab,cd} = 1 - X_{ab,ac} - X_{ab,bd} \tag{5-46}$$

同时，也可以把图形 abc 和 abd 看成两个各由三个表面组成的封闭系统。对这两个系统直接应用式(5-45)，可写出两个角系数的表达式，即

$$X_{ab,ac} = \frac{ab + ac - bc}{2ab} \tag{5-47}$$

$$X_{ab,bd} = \frac{ab + bd - ad}{2ab} \tag{5-48}$$

将式(5-47)和式(5-48)代入式(5-46)可得

$$X_{ab,cd} = \frac{(bc - ad) - (ac + bd)}{2ab} \tag{5-49}$$

按照式(5-49)的组成，可以归纳如下一般关系：

$$X_{1,2} = \frac{交叉线之和 - 不交叉线之和}{2 \times 表面 A_1 的断面长度} \tag{5-50}$$

对于在一个方向上长度无限延伸的多个表面组成的系统，任意两个表面之间的角系数的计算都可参照式(5-50)的结构写出，因此又把这种方法称为交叉线法。

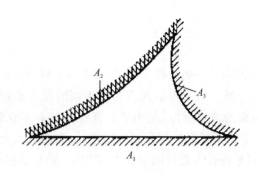

图 5-27　三个表面的封闭系统

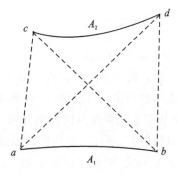

图 5-28　交叉线法图示

5.6　两表面封闭系统的辐射传热

如前所述，在热量传递的三种基本方式中，导热与对流都发生在直接接触的物体之间，而辐射传热则可发生在两个被真空或透热介质隔开的表面之间。这里的透热介质指的是不参与热辐射的介质，例如空气。本节所讨论的固体表面间的辐射传热是指表面之间不存在参与热辐射介质的情形。

5.6.1　封闭腔模型及两黑体表面组成的封闭腔

1. 封闭腔模型

热辐射是物体以电磁波方式向外界传递能量的过程，在计算任何一个表面与外界之间的

辐射传热时,必须把由该表面向空间各个方向发射出去的辐射能考虑在内,也必须把由空间各个方向投入到该表面的辐射能包括进去。因此,本章在讨论热辐射特性时引入了半球空间的概念。当要计算一个表面通过热辐射与外界的净换热量时,为了确保这一点,计算对象必须是包含所研究表面在内的一个封闭腔。这个辐射传热封闭腔的表面可以全部是物理上真实的,也可以是部分虚构的。最简单的封闭腔就是两块无限接近的平行平板。本节只讨论由两个表面组成的封闭系统,重点在于掌握灰体表面间辐射传热的计算方法。

2. 两黑体表面封闭系统的辐射传热

如图 5-29 所示,黑体表面 1、2 在垂直于纸面方向上为无限长(以下简称二维系统),则表面 1、2 间的净辐射传热量为

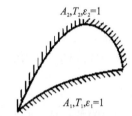

图 5-29 两黑体表面换热系统

$$\Phi_{1,2} = A_1 E_{b1} X_{1,2} - A_2 E_{b2} X_{2,1}$$
$$= A_1 X_{1,2} (E_{b1} - E_{b2})$$
$$= A_2 X_{2,1} (E_{b1} - E_{b2}) \qquad (5-51)$$

由式(5-51)可见,黑体系统辐射传热量计算的关键在于求得角系数。但对灰体系统的情况就要复杂得多,这是因为:① 灰体表面的吸收比小于 1,投入到灰体表面上的辐射能的吸收不是一次完成的,要经过多次反射;② 由一个灰体表面向外发射出去的辐射能除了其自身的辐射力(以后简称为自身辐射)外还包括了被反射的辐射能。这就增加了辐射传热计算的复杂性。

5.6.2 有效辐射

1. 有效辐射的定义

为了能以简洁明了的方式导得灰体系统的辐射传热量计算式,需要引入有效辐射的概念。

前面已经指出,单位时间内投到单位表面积上的总辐射能称为该表面的投入辐射,记为 G。有效辐射是指单位时间内离开单位表面积的总辐射能,记为 J。有效辐射 J 不仅包括表面的自身辐射 E,而且还包括投入辐射 G 中被表面反射的部分 ρG。这里,ρ 为表面的反射比,可表示为 $1-\alpha_1$。考察表面温度均匀、表面辐射特性为常数的表面 1(见图 5-30),根据有效辐射的定义,表面 1 的有效辐射 J_1 有如下的表达式:

$$J_1 = E_1 + \rho_1 G_1 = \varepsilon E_{b1} + (1-\alpha) G_1 \qquad (5-52)$$

在表面外能感受到的表面辐射就是有效辐射,它也是用辐射探测仪能测量到的单位表面积上的辐射功率(W/m^2)。

2. 有效辐射与辐射传热量的关系

图 5-30 表示了固体表面 1 自身发射与吸收外界辐射的情形,分别从离表面非常近的外部 $a-a$ 处与下部 $b-b$ 处两个位置来写出表面 1 的能量收支。

从表面 1 外部 $a-a$ 来观察,其能量收支差额应等于有效辐射 J 与投入辐射 G_1 之差,即

$$q = J_1 - G_1 \qquad (5-53)$$

从表面 1 内部 $b-b$ 处观察,该表面与外界的辐射换热量应为

$$q = E_1 - \alpha_1 G_1 \qquad (5-54)$$

从式(5-53)和式(5-54)中消去 G_1,即得有效辐射 J 与表面净辐射换热量 q 之间的关系,即

$$J = \frac{E}{\alpha} - \frac{1-\alpha}{\alpha}q = E_b - \left(\frac{1}{\varepsilon} - 1\right)q \tag{5-55}$$

为使表达式具有一般性，式(5-55)中的下角 1 已经删除。但应注意，该式中的各个量均是对同一表面而言的，而且以向外界的净放热量为正值。

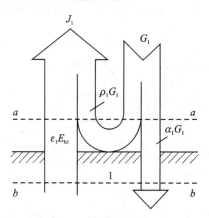

图 5-30　一个表面的辐射能量收支

5.6.3　两个漫灰体表面组成的封闭腔的辐射传热

下面应用有效辐射的概念来分析由两个灰体表面组成的封闭系统的辐射传热。

由两个等温的漫灰表面组成的二维封闭系统可抽象为图 5-31 所示的四种情形。其中，图(b)、图(c)、图(d)所代表的系统垂直于纸面方向无限长(二维系统)，因图(a)所示情形既可代表二维(A_1、A_2 为圆柱面)，也可以是三维(A_1、A_2 为球面)，所以无论对于哪种情形，都可以将表面 1、2 间的辐射传热量写为

$$\Phi_{1,2} = A_1 J_1 X_{1,2} - A_2 J_2 X_{2,1} \tag{5-56}$$

同时应用式(5-55)有

$$J_1 A_1 = A_1 E_{b1} - \left(\frac{1}{\varepsilon_1} - 1\right)\Phi_{1,2} \tag{5-57}$$

$$J_2 A_2 = A_2 E_{b2} - \left(\frac{1}{\varepsilon_2} - 1\right)\Phi_{2,1} \tag{5-58}$$

注意到，按能量守恒定律有

$$\Phi_{1,2} = -\Phi_{2,1} \tag{5-59}$$

将式(5-57)、式(5-58)、式(5-59)代入式(5-56)可得

$$\Phi_{1,2} = \frac{E_{b1} - E_{b2}}{\dfrac{1-\varepsilon_1}{\varepsilon_1 A_1} + \dfrac{1}{A_1 X_{1,2}} + \dfrac{1-\varepsilon_2}{\varepsilon_2 A_2}} \tag{5-60}$$

若用 A_1 作为计算面积，式(5-60)可改写为

$$\Phi_{1,2} = \frac{A_1(E_{b1} - E_{b2})}{\left(\dfrac{1}{\varepsilon_1} - 1\right) + \dfrac{1}{X_{1,2}} + \dfrac{A_1}{A_2}\left(\dfrac{1}{\varepsilon_2} - 1\right)} = \varepsilon_s A_1 X_{1,2}(E_{b1} - E_{b2}) \tag{5-61}$$

其中

$$\varepsilon_s = \cfrac{1}{1 + X_{1,2}\left(\cfrac{1}{\varepsilon_1} - 1\right) + X_{2,1}\left(\cfrac{1}{\varepsilon_2} - 1\right)} \qquad (5-62)$$

与黑体系统的辐射传热式(5-51)相比,灰体系统的计算式(5-61)多了一个修正因子 ε_s。ε_s 的值小于1,它是由于灰体系统发射率之值小于1引起的多次吸收与反射对换热量影响的因子,称为系统发射率(又称系统黑度)。

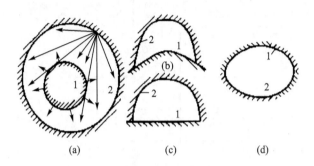

图 5-31　两个物体组成的辐射传热系统

对于下列三种情形,式(5-61)可以进一步简化。

(1)表面1为平面或凸表面。此时 $X_{1,2} = 1$,式(5-61)简化为

$$\Phi_{1,2} = \cfrac{A_1(E_{b1} - E_{b2})}{\cfrac{1}{\varepsilon_1} + \cfrac{A_1}{A_2}\left(\cfrac{1}{\varepsilon_2} - 1\right)}$$

$$= \varepsilon_s A_1 \times 5.67\ \text{W/(m}^2 \cdot \text{K}^4)\left[\left(\cfrac{T_1}{100}\right)^4 - \left(\cfrac{T_2}{100}\right)^4\right] \qquad (5-63)$$

其中,系统发射率为

$$\varepsilon_s = \cfrac{1}{\cfrac{1}{\varepsilon_1} + \cfrac{A_1}{A_2}\left(\cfrac{1}{\varepsilon_2} - 1\right)}$$

(2)表面积 A_1 和 A_2 相差很小,即 $A_1/A_2 \to 1$ 的辐射传热系统是个重要的特例。实用上,有重要意义的无限大平行平板间的辐射传热就属于此种特例。这时,辐射换热量 $\Phi_{1,2}$ 可按下式计算:

$$\Phi_{1,2} = \cfrac{A_1(E_{b1} - E_{b2})}{\cfrac{1}{\varepsilon_1} + \cfrac{1}{\varepsilon_2} - 1} = \cfrac{A_1 \times 5.67\text{W/(m}^2 \cdot \text{K}^4)\left[\left(\cfrac{T_1}{100}\right)^4 - \left(\cfrac{T_2}{100}\right)^4\right]}{\cfrac{1}{\varepsilon_1} + \cfrac{1}{\varepsilon_2} - 1} \qquad (5-64)$$

(3)表面积 A_2 比 A_1 大得多,即 $A_1/A_2 \to 0$,表面1为非凹表面的辐射传热系统是又一个重要的特例:大房间内的小物体(如高温管道等)的辐射散热,以及气体容器(或管道)内热电偶测温的辐射误差等实际问题的计算都属于这种情况。这时,式(5-61)简化为

$$\Phi_{1,2} = \varepsilon_1 A_1(E_{b1} - E_{b2}) = \varepsilon_1 A_1 \times 5.67\text{W/(m}^2 \cdot \text{K}^4)\left[\left(\cfrac{T_1}{100}\right)^4 - \left(\cfrac{T_2}{100}\right)^4\right] \qquad (5-65)$$

对于这个特例,系统发射率 $\varepsilon_s = \varepsilon_1$。也就是说,在这种情况下进行辐射传热计算,不需要知道包壳物体2的面积 A_2 及其发射率 ε_2。

例题 5-5　液氧储存容器为双壁镀银的夹层结构（见图 5-32），外壁内表面温度 $t_{w1}=20$ ℃，内壁外表面温度 $t_{w2}=-183$ ℃。镀银壁的发射率 $\varepsilon=0.02$。试计算由于辐射传热单位面积容器壁的散热量。

解：

分析：因为容器夹层的间隙很小，可认为该问题属于无限大平行表面间的辐射传热问题。容器壁单位面积的辐射传热量可用式(5-64)计算。

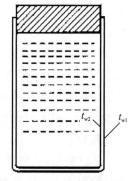

图 5-32　液氧储存容器夹层结构示意图

计算：

$$T_{w1}=t_{w1}+273\text{ K}=(20+273)\text{ K}=293\text{ K}$$

$$T_{w2}=t_{w2}+273\text{ K}=(-183+273)\text{ K}=90\text{ K}$$

$$q_{1,2}=\frac{C_0\left[\left(\dfrac{T_{w1}}{100}\right)^4-\left(\dfrac{T_{w2}}{100}\right)^4\right]}{\dfrac{1}{\varepsilon_1}+\dfrac{1}{\varepsilon_2}-1}$$

$$=\frac{5.67\text{W/(m}^2\cdot\text{K}^4)\times\left[(2.93\text{ K})^4-(0.9\text{K})^4\right]}{\dfrac{1}{0.02}+\dfrac{1}{0.02}-1}$$

$$=4.18\text{ W/m}^2$$

讨论：采用镀银壁对降低辐射散热量作用极大。作为比较，设 $\varepsilon_1=\varepsilon_2=0.8$，则将有 $q_{1,2}=276\text{ W/m}^2$，即散热量增加 66 倍。

如果不采用抽真空的夹层，而是采用在容器外敷设保温材料的方法来绝热，取保温材料的导热系数为 $0.05\text{ W/(m}\cdot\text{K})$（这已经是相当好的保温材料了），则按一维平板导热问题来估算，所需的保温材料壁厚 δ 应满足下式：

$$4.18\text{W/m}^2=0.05\text{ W/(m}\cdot\text{K})\times\frac{[20-(-183)]\text{K}}{\delta}$$

$$\delta=2.43\text{m}$$

由此可见，抽真空的低发射率夹层保温最有效性。

习　题

5-1　电炉的电功率为 1 kW，炉丝温度为 847 ℃，直径为 1 mm。电炉的效率（辐射功率与电功率之比）为 0.96。试确定所需炉丝的最短长度。

5-2　直径为 1 m 的铝制球壳内表面维持在均匀的温度 500 K，试计算置于该球壳内的一个试验表面所得到的投入辐射。内表面发射率的大小对这一数值有否影响？

5-3　炉膛内火焰的平均温度为 1 500 K，炉墙上有一看火孔。试计算当看火孔打开时从孔（单位面积）向外辐射的功率。该辐射能中波长为 2 μm 的光谱辐射力是多少？哪一种波长下的能量最多？

5-4　在一空间飞行物的外壳上有一块向阳的漫射面板，板背面可认为是绝热的，向阳面得到的太阳投入辐射 $G=1\ 300\text{ W/m}^2$。该表面的光谱发射率为 $0\leqslant\lambda\leqslant2\ \mu\text{m}$ 时 $\varepsilon(\lambda)=0.5$；

$\lambda > 2\ \mu m$ 时 $\varepsilon(\lambda) = 0.2$。试确定当该板表面温度处于稳态时的温度值。为简化计算，设太阳的辐射能均集中在 $0 \sim 2\ \mu m$ 之内。

5-5 人工黑体腔上的辐射小孔是一个直径为 20 mm 的圆。辐射力 $E_b = 3.72 \times 10^5\ W/m^2$。一个辐射热流计置于该黑体小孔的正前 $l = 0.5\ m$ 处。该热流计吸收热量的面积为 $1.6 \times 10^{-5}\ m^2$ 间该热流计所得到的黑体投入辐射是多少？

5-6 把太阳表面近似地看成是 $T = 5\ 800\ K$ 的黑体，试确定太阳发出的辐射能中可见光所占的百分数。

5-7 已知材料 A、B 的光谱发射率 $\varepsilon(\lambda)$ 与波长的关系如习题 5-7 图所示，试估计这两种材料的发射率 ε 随温度变化的特性，并说明理由。

5-8 选择性吸收表面的光谱吸收比随 λ 变化的特性如习题 5-8 图所示，试计算当太阳投入辐射为 $G = 800\ W/m^2$ 时，该表面单位面积上所吸收的太阳能量及对太阳辐射的总吸收比。

5-9 表面的定向发射率 $\varepsilon(\theta)$ 随 θ 的变化如习题 5-9 图所示，试确定该表面的发射率与法向发射率 ε_n 的比值。

5-10 小块温度 $T_s = 400\ K$ 的漫射表面悬挂在温度 $T_f = 2\ 000\ K$ 的炉子中。炉子表面是漫灰的，且发射率为 0.25。悬挂表面的光谱发射率如习题 5-10 图所示。试确定该表面的发射率及对炉墙表面的辐射能的吸收比。

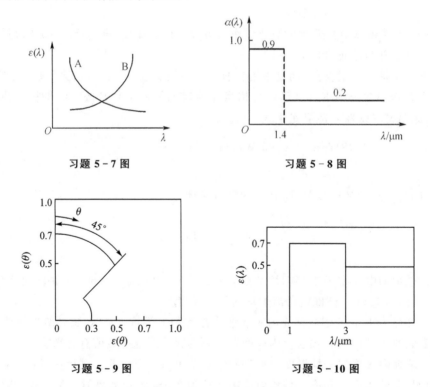

习题 5-7 图　　　　　　　　习题 5-8 图

习题 5-9 图　　　　　　　　习题 5-10 图

5-11 在曲边六面体中，各个表面之间共有多少个角系数，其中有多少个是独立的？注：几何条件已知。

5-12 设有如习题 5-12 图所示的两个微小面积 A_1，A_2，$A_1 = 2 \times 10^{-4}\ m^2$，$A_2 = 3 \times$

$10^{-4}\ \mathrm{m}^2$。A_1 为漫射表面，辐射力 $E_1 = 5 \times 10^4\ \mathrm{W/m}^2$。试计算由 A_1 发出而落到 A_2 上的辐射能。

5-13　如习题 5-13 图所示，已知微元圆盘 $\mathrm{d}A_1$ 与有限大圆盘 A_2（直径为 D）平行，两中心线之连线垂直于两圆盘，且长度为 s。试计算 $X_{\mathrm{d}1,2}$。

5-14　试从角系数的积分定义式出发，计算如习题 5-14 图所示的从微元表面积 $\mathrm{d}A_1$ 到球缺内表面 A_2 的角系数，并用两种极限情形来检查所得的公式是否正确。已知球缺底部圆周上任一点与 $\mathrm{d}A_1$ 之间的连线同 $\mathrm{d}A_1$ 法线间的夹角为 β。

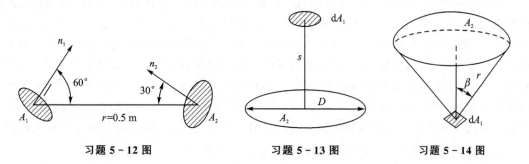

习题 5-12 图　　　　习题 5-13 图　　　　习题 5-14 图

5-15　试确定习题 5-15 图(a)、(b)中几何结构的角系数 $X_{1,2}$。

5-16　试确定习题 5-16 图(a)、(b)中几何结构的角系数 $X_{1,2}$。

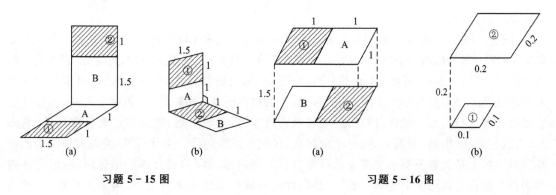

习题 5-15 图　　　　　　　　　习题 5-16 图

5-17　对于习题 5-17 图所示的几何结构，试问当 $H/r_2 \to 0$ 时角系数 $X_{1,2}$ 的极限值是多少？

5-18　试确定如习题 5-18 图所示的两互相垂直的表面的角系数 $X_{1,3}$ 之值。

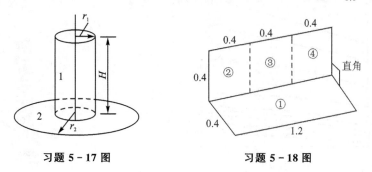

习题 5-17 图　　　　　　　　習题 5-18 图

第6章 箭炮发射药传热特性

6.1 概 述

由火炮内弹道学可知,箭炮发射药温度是影响内弹道循环过程的重要参数,药温高,发射药燃速增大;药温低,发射药燃速减小,从而影响弹箭初速及射程。图6-1所示为美国M30A1三基药燃速与药温的关系曲线,部分国内箭炮发射药温度对武器系统射击精度的影响如表6-1所列。由此可见,准确测量箭炮发射时的药温可提供给火控准确的药温修正参量。野战条件下,箭炮装药通常有两种贮存方式:弹药箱或弹药仓。不论哪种贮存方式,由于环境温度无时无刻不在变化,故发射药温度也随着环境温度在变化,且各部分都是不相同的,即发射装药温度场具有非稳态非均匀的特点。由火内弹道学可知,非均匀分布情况下的装药温度对弹道的影响通常以质量加权平均温度 $\bar{T}$ 给出:

$$\bar{T} = \frac{\iiint\limits_{\Omega} T \, \mathrm{d}m}{m} \qquad (6-1)$$

式中,Ω 为箭炮装药区域。

箭炮发射装药的组成、结构及装配方式,因装药的使用要求不同而存在差异。火箭发射装药以定装式安装在发动机内,如图6-2所示。火炮弹药分为整装式与分装式两种:前者发射药装在药筒内与弹丸结合在一起;后者弹丸与药筒分离,采用药包或模块装药,如图6-3所示。不论哪种装药方式,药温除与发射药本身特性有关外,还与周围的边界环境有密切联系,如对于火箭,还要考虑发动机壳体、内衬、点火装置、挡药板、喷管及密封盖等;对于火炮,整装式还要考虑药筒、紧塞具、点火装置、除铜剂、消烟剂等;对于分装式,仅仅考虑发射药。由此可见,箭炮发射装药的传热问题实际上是火炮药筒或火箭发动机等具有复杂内部结构的组合体的传热问题,组合体内的多种介质在空间尺度上的不一致性、热物性的差异性和结构的复杂性,再加上导热、对流与辐射三种传热的并存,致使箭炮发射装药传热数学模型的构建与求解尤为复杂。

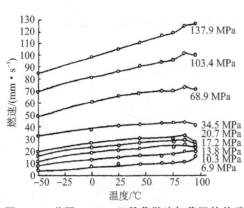

图6-1 美国M30A1三基药燃速与药温的关系

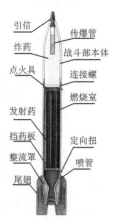

图6-2 火箭发动机装药

表6-1 箭炮发射药温度对射程偏差的影响

型 号	弹丸	初 速/(m·s⁻¹)	海 拔/m	射 程/km	药温偏差引起的射程偏差/m				$\dfrac{\partial X/\partial T}{X}$/%
					1℃	2℃	5℃	10℃	
59式130加	杀爆弹	930	0	28	45	90	226	451	0.160
			1 500	31	65	129	323	646	0.208
			3 000	36	83	167	417	833	0.231
96式122加	杀爆弹	885(1)	3 000	30	58	118	301	637	0.212
		660(2)		20	19	39	96	192	0.096
		550(3)		12	15	31	76	153	0.128
PLZ45 155榴	底排弹	903	0	38.2	85	169	424	847	0.222
					60	**121**	**301**	**603**	**0.158**
	底凹弹			19	13	26	64	128	0.067
					9	**18**	**45**	**89**	**0.047**
81式122mm火箭	杀伤榴弹		1 500	20	11	——	55	110	0.055
					16	——	**81**	**163**	**0.082**
			3 000	24	12	——	60	120	0.042
					19	——	**96**	**191**	**0.080**
			4 500	26.9	16	——	81	162	0.060
					27	——	**133**	**266**	**0.090**

注:粗体表示低温($T\leqslant20$ ℃)段药温修正量。

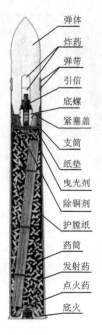

弹体
炸药
弹带
引信
底螺
紧塞盖
支筒
纸垫
曳光剂
除铜剂
护膛纸
药筒
发射药
点火药
底火

图6-3 火炮整装式与模块分装式装药

6.2 传统药温确定方法

目前,我军装备的制式火炮与火箭炮通常采用水银温度计或酒精温度计确定药温,测量方式根据弹药品种的差异而不同。现行炮兵操作规程规定:对分装式弹药,将温度计探头插入装药中心,然后将被测装药放回贮运箱内,15 min 后读取的数据作为这一批弹药的"当前"温度,随后每隔 2 h 读一次数据。对于整装式弹药,如坦克炮弹药、火箭弹等,将温度计放入弹药箱内,使其感应探头与药筒或发动机壳体接触,测量的数据作为弹药的装药温度。该方法存在的缺陷主要表现在:① 仪器误差:水银温度计与酒精温度计精度为 1 ℃,与判读误差结合超过 1 ℃。② 测点误差:对于分装式弹药,测量点不同存在较大的药温判读差异;对于整装式弹药,用壁面的温度作为药温显然不合适,误差有时超过 10 ℃。③ 滞后误差:每隔 2 h 判读一次药温,用一个时间点的温度代替 2 h 内的药温,显然也不合适,误差有时超过 5 ℃。④ 箱体误差:由于测温装药与实际射击条件下使用的装药并不在同一箱体内,即便在同一箱体位置也存在差异,故误差主要来源于现场堆放情况与环境条件。总体测量误差定义为

$$\sigma_{\Delta T} = \sqrt{\sigma_{\Delta T_1}^2 + \sigma_{\Delta T_2}^2 + \sigma_{\Delta T_3}^2 + \sigma_{\Delta T_4}^2}$$

式中,$\sigma_{\Delta T_1}$ 为仪器误差;$\sigma_{\Delta T_2}$ 为测点误差;$\sigma_{\Delta T_3}$ 为延迟误差;$\sigma_{\Delta T_4}$ 为箱体误差。

分别对 57 mm 高炮两个箱体弹药、122 mm 榴弹炮与某自行火炮装药进行测量,如图 6-4 所示,测点分别选取装药中心、1/2 装药厚度与药筒外壁。由于仪器误差基本相同,箱体误差是相对于同种弹药而言,故应重点关注测点误差与延迟误差,三种装药误差统计结果如表 6-2 所列。

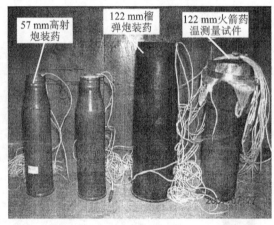

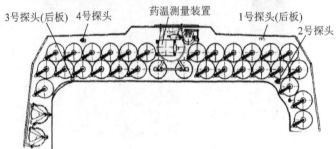

图 6-4 发射装药药温测量实验

表 6 - 2　不同装药温度误差统计结果

误 差	57 mm 高炮/℃	122 mm 榴弹炮/℃	122 mm 火箭炮/℃	某自行火炮/℃
仪器误差	1.0	1.0	1.0	1.0
延迟误差	5.44	1.85	5.24	1.88
测点误差	5.91	2.98	3.52	1.26
箱体误差	6.42	6.42	6.42	—
总体误差	10.33	7.38	9.06	2.47

6.3　火炮发射装药物理模型与重要参数

6.3.1　火炮发射装药物理模型

火炮发射装药在结构上基本一样,主要都是由药粒或整体药柱组成。装药的结构不同,传热机理存在较大的差异,因此,计算求解的区域、问题描述与采用的方法也就不同。从这个角度讲,箭炮发射装药的传热问题主要分为火炮发射药床传热问题与火箭发射装药传热问题。某火炮定装式装药如图 6-5 所示。

对于图 6-5 所示火炮药床来说,药粒特征尺寸(直径)约为 2~10 mm,孔隙率约为 0.4~0.6,颗粒间空隙尺寸约为 1~5 mm,因此火炮药床的传热问题可视为多孔介质的传热问题。对于多根药柱的火箭装药,药柱与药柱之间、药柱与发动机壳体壁之间存在较大的间隙,一般可达 10~20 mm,因此,解域内存在较大尺寸的空气间隙,期间自然对流发展的情况、自然对流对温度场的影响是求解的重点。

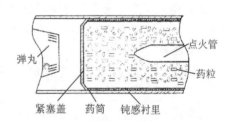

图 6 - 5　某火炮定装式装药

为便于对火炮装药药床温度场计算分析,提出如下基本假设:

(1)火药挥发及颗粒表层微孔内气体吐纳忽略不计,即不考虑药床产生的质量源。火药表层可能分布有微型空隙,随温度变化发生的气体吐纳属于微量,可忽略不计。

(2)不考虑化学反应及相变,不存在相应产生的质量和潜在源。

(3)固相与气相间的界面忽略不计。

(4)气体不可压缩,且黏性耗散产生的耗散热为零。

(5)气体在贴近固体壁面处速度为零,即无滑移产生。

(6)除大尺度间隙空气自然对流空气密度不能视为常量外,其余气相与固相的热物性均视为常量。

(7)不考虑火炮装药药床间隙的空气对流。

6.3.2　火炮发射装药重要参数

研究火炮装药温度场问题通常采用多孔介质传热理论。多孔介质的传热传质研究包括分

127

子水平、微观水平与宏观水平三个尺度。由于火炮装药药粒间的空隙处于宏观层面，可采用宏观水平的描述。药床中除连续介质假设成立外，有必要采用固定结构的气固连续介质代替两相多孔介质，即认为气相与固相均为充满多孔介质的连续介质。孔隙率、比表面积与弯曲度在多孔介质传热模型的建立中是必要参数，现介绍如下。

1. 孔隙率

孔隙率定义式为

$$\Phi = \frac{V_p}{V_T} \times 100\% \tag{6-2}$$

式中，V_p 为多孔介质内总的空隙容积；V_T 为多孔介质总体积。

如上所述，火炮发射装药的孔隙率 Φ 为 $0.4 \sim 0.6$，这主要与发射药颗粒形状有关。药粒由于加工问题，大小和形状不是非常规则与一致，自由填充又为随机排列，因此比一般圆球填充孔隙率略大一些。

2. 比表面积

比表面积 Ω 为固体骨架表面积 A_s 与多孔介质总容积 V_T 之比，即

$$\Omega = \frac{A_s}{V_T} \times 100\% \tag{6-3}$$

对于颗粒填充药床，比表面积与颗粒形状及尺寸有着密切的关系。颗粒当量直径越小，Ω 越大，在同样温度变化速率条件下，气固两相之间的温度越接近于平衡，同时，在温度变化速率不大的情况下，气固两相的温度可近似视为平衡。

3. 弯曲率

多孔介质的气流通道总是弯曲的，弯曲程度关系到气体流通性，弯曲度 ω 的定义式为

$$\omega = \left(\frac{L}{L_e} \right)^2 \tag{6-4}$$

式中，L_e 为弯曲通道的真实长度；L 为通道两端的直线长度；ω 越小表明通道越弯曲。火炮药床中，药粒随机排列，气流通道弯曲，在温度变化率不大的情况下，可以认为气体速度近似为零。

6.4　箭炮发射装药热物性参数

箭炮发射药热物性参数的确定是进行装药温度场数值模拟的输入条件。在箭炮发射装药组件中，既包含金属又包含非金属，如药筒、发动机壳体、空气、衬纸、发射药等。金属的热物性比较常见，且容易从传热特性手册中查到，而发射药的热物性参数较少，通常根据特定试验整理得到。发射药在组分及构成上属于混合物，基本可分为两类：一类是包含爆炸化合物的混合物，如单基药、双基药与三基药等；另一类是燃料、高氯酸铵、黏合剂等组成的复合推进剂。1990 年之后，以 M. S. Miller 为代表的研究人员，采用小尺寸试样和瞬态热流法对美国的多种炮药开展了系统的热物性测量研究工作。由试验测出的火药的导热系数 λ、热扩散系数 a 和比热 c_p 均可表示为温度的函数，即

$$\lambda = \lambda_0 + \lambda_1 T + \lambda_2 T^2 \tag{6-5}$$

$$a = a_0 + a_1 T + a_2 T^2 \tag{6-6}$$

$$c_p = c_0 + c_1 T + c_2 T^2 + c_3 T^3 + c_4 T^4 \tag{6-7}$$

美国常用的几种炮药的热物性参数如表 6-3 所列。我国常用的几种发射药的热物性参数如表 6-4～表 6-6 所列。

表 6-3　美国几种炮药的热物性

参　量		火药品号						
		单基药	均质双基	均质三基	合成三基 M30		合成硝胺	
		M10	M9	JA_2	⊥	∥	XM39	M43
$\lambda /$ $(W \cdot m^{-1} \cdot K^{-1})$	−19 ℃	0.277	0.275	0.290	0.334	0.428	0.256	0.249
	+20 ℃	0.315	0.298	0.295	0.335	0.421	0.261	0.249
	+40 ℃	0.310	0.294	0.294	0.326	0.425	0.267	0.241
$a /$ $(m^2 \cdot s^{-1})$	−19 ℃	1.78×10^{-7}	1.50×10^{-7}	1.63×10^{-7}	1.82×10^{-7}	2.40×10^{-7}	1.56×10^{-7}	1.48×10^{-7}
	+20 ℃	1.79×10^{-7}	1.37×10^{-7}	1.33×10^{-7}	1.55×10^{-7}	20.9×10^{-7}	1.37×10^{-7}	1.30×10^{-7}
	+40 ℃	1.64×10^{-7}	1.32×10^{-7}	1.29×10^{-7}	1.42×10^{-7}	1.92×10^{-7}	1.25×10^{-7}	1.22×10^{-7}
$c_p /$ $(J \cdot (kg \cdot K)^{-1})$	−19 ℃	944.8	1180.2	1309.7	1134.3	—	984.1	976.1
	+20 ℃	1079.4	1321.0	1456.2	1282.3	—	1109.6	1106.7
	+40 ℃	1166.9	1407.8	1543.9	1363.7	—	1183.4	1177.1

注：⊥指热流垂直于火药压延方向；∥指热流平行于火药压延方向。

表 6-4　我国常用的几种火药 λ 和 ρ 测量结果（一）

参　量		火药品号					
		双石 箭药	双铅 箭药	AP复 合药	整体压制炮药		
					单基炮药	双芳-3	三基药 SD-12
$\lambda /$ $(W \cdot m^{-1} \cdot K^{-1})$	28 ℃	0.286	0.272	0.318	0.204	0.204	0.348
	47 ℃	0.283	0.270	0.314	0.209	0.209	0.346
	63 ℃	—	—	—	0.212	0.207	0.348
	81 ℃	—	—	—	0.216	0.203	0.354
$\rho /(kg \cdot m^{-3})$	30 ℃	1 558	1 594	1 426	1 473	1 516	1 596

表 6-5　我国常用的几种火药 λ 和 ρ 测量结果（二）

参　量		火药品号			
		单基 5/7	单基 11/7	硝基胍 6/7	肽根 5/7
$\lambda /$ $(W \cdot m^{-1} \cdot K^{-1})$	38 ℃	0.222	0.220	0.232	0.202
	43 ℃	0.208	0.204	0.225	0.199
	48 ℃	0.207	0.207	0.220	0.199
$\rho /(kg \cdot m^{-3})$	38 ℃	1 558	1 594	1 600	1 590

表 6-6　几种炮药比热 c_p 的测量结果(60℃)

火药品号	单基 (单粒)	单基 (单粒)	单基(单粒) 14/7	双芳-3 (整体压制)	三基 SD-12 (整体压制)
$c_p/(\mathrm{J\cdot(kg\cdot K)^{-1}})$	1 254.0	1 254.0	1 191.3	1 358.5	1 337.6

6.5　火箭发动机传热特性

6.5.1　物理模型

单根药柱火箭发动机的传热特性实验如图 6-6 所示。测温点分布如图 6-7 所示,测试结果如图 6-8 所示。

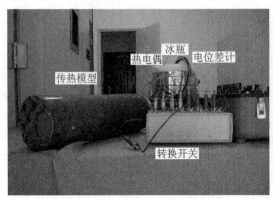

图 6-6　火箭发动机传热特性试验

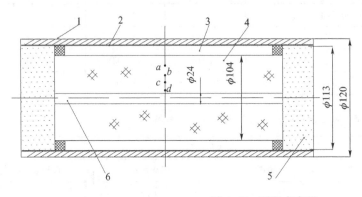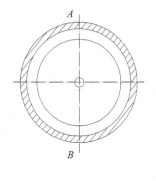

图 6-7　测温点布置

6.5.2　数学模型

针对图 6-6 所示的试验模型,环形夹层内的对流为温差引起的自然对流。求解自然对流换热问题一般有两种方法可供选择,即以涡量、流函数等为求解变量的涡量-流函数法,以速度、压力等为求解变量的原始变量法。计算区域为半圆,采用极坐标系,以点 O 为极点,射线

OA 为极轴,如图 6 - 9 所示。环形夹层 k 内某点 M 的速度分解为沿极径方向的速度 v 和沿极径垂线方向的速度 u ,规定 u 沿顺时针方向时取正值。

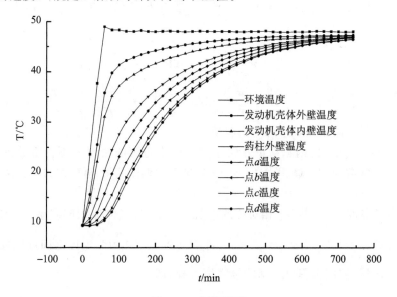

图 6 - 8　测温结果

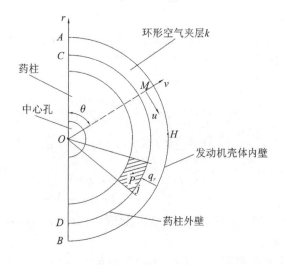

图 6 - 9　计算区域

环形夹层内为黏性、不可压缩牛顿型流体,流体的黏性耗散可忽略不计。该夹层区域标量形式的传热控制方程如下:

连续性方程:

$$\frac{1}{r}\frac{\partial(rv)}{\partial r}+\frac{1}{r}\frac{\partial u}{\partial \theta}=0 \tag{6-8}$$

u -动量方程:

$$\rho\left(\frac{Du}{Dt}+\frac{uv}{r}\right)=\rho g \cdot \sin\theta-\frac{1}{r}\frac{\partial p}{\partial \theta}+\mu\left(\Delta u-\frac{u}{r^2}+\frac{2}{r^2}\frac{\partial v}{\partial \theta}\right) \tag{6-9}$$

v -动量方程：

$$\rho\left(\frac{Dv}{Dt}-\frac{u^2}{r}\right)=-\rho g\cdot\cos\theta-\frac{\partial p}{\partial r}+\mu\left(\Delta v-\frac{v}{r^2}-\frac{2}{r^2}\frac{\partial u}{\partial\theta}\right) \quad (6-10)$$

能量方程：

$$\rho c_V\frac{DT}{Dt}=\lambda\Delta T+S_T \quad (6-11a)$$

以上各式中，$\frac{D}{Dt}=\frac{\partial}{\partial t}+v\frac{\partial}{\partial r}+\frac{u}{r}\frac{\partial}{\partial\theta}$，$\Delta=\frac{\partial^2}{\partial r^2}+\frac{1}{r}\frac{\partial}{\partial r}+\frac{1}{r^2}\frac{\partial^2}{\partial\theta^2}$，$\rho g\sin\theta$ 和 $-\rho g\cos\theta$ 为重力在对应坐标上的投影，S_T 为广义源项。

采用 Boussinesq 假设，则除动量方程体积力项中包含的密度 ρ 不为常数外，其他场合介质的热物性均作常数处理。体积力项中的 ρ 与热力学温度 T 之间存在如下关系：

$$\rho=\rho_c[1-\alpha(T-T_c)]$$

式中，T_c 是参考温度；ρ_c 为与 T_c 相对应的空气密度；α 为气体体积膨胀系数。对于符合理想气体性质的气体，$\alpha\approx1/T$，因此 $\rho\approx\rho_c\frac{T_c}{T}$，即空气密度与热力学温度之间近似成反比关系。

固体药柱区域，控制方程仅包括能量守恒方程，即

$$\rho_c\frac{\partial T}{\partial t}=\lambda\Delta T+S_T \quad (6-11b)$$

问题的初始条件为

$$u(r,\theta,t_0)=v(r,\theta,t_0)=0, \quad T(r,\theta,t_0)=T_0, \quad p(r,\theta,t_0)=10^5\text{Pa}, \quad (r,\theta)\in\Sigma$$

式中，Σ 为整个计算区域。

边界条件为

$$u(r,\theta,t)=0, \quad \frac{\partial v(r,\theta,t)}{\partial n}=0$$
$$\frac{\partial T(r,\theta,t)}{\partial n}=0, \quad (r,\theta)\in AB$$
$$u(r,\theta,t)=v(r,\theta,t)=0$$
$$T(r,\theta,t)=T_w(t), \quad (r,\theta)\in AHB$$

其中，AB 为对称边界（见图 6-9），AHB 为发动机壳体内壁；$T_w(t)$ 为已知的发动机壳体内壁温度；n 为 AB 的外法线。

药柱外表面遵守无滑移假定，有 $u(R_s,\theta,t)=v(R_s,\theta,t)=0$，式中，$R_s$ 为药柱半径。

6.5.3 计算结果与实测值的比较

涉及的介质热物性包括空气和发射药的密度、比热、导热系数以及空气的动力黏度、药柱外壁和绝热涂层表面的发射率。其中，空气的热物性和物体表面发射率通过查阅资料得到，发射药的热物性由实验测得，如表 6-7 所列。

药柱外壁和绝热涂层表面的发射率取 0.9。取径向距离步长 $\Delta r_1=1$ mm，$\Delta r_2=0.5$ mm，其中，Δr_1 为固体药柱区域内的取值，Δr_2 为空气夹层区域内的取值。因为相对于固体区域，气体区域温度梯度大，所以 Δr_2 取值比 Δr_1 小一些。圆周方向的距离步长在整个解域内均取为 $\Delta\theta=2°$。图 6-9 中各测点温度计算值与实测值的对比如图 6-10～图 6-13 所示。

表 6 - 7　各介质的热物性

介　质	热物性		
	$\lambda/(W \cdot (m \cdot K)^{-1})$	$\rho/(kg \cdot m^{-3})$	$c/(J \cdot (kg \cdot K)^{-1})$
空　气	0.026 7	1.165	718
发射药	0.27	1594	1 380

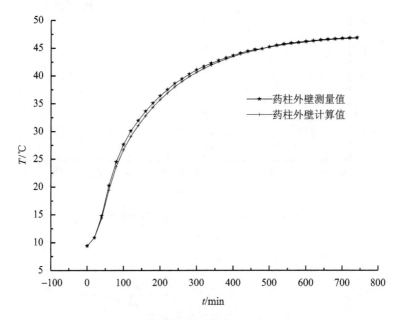

图 6 - 10　药柱外壁温度计算值与实测值对比

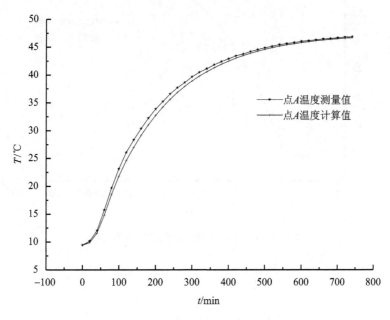

图 6 - 11　点 A 温度计算值与实测值对比

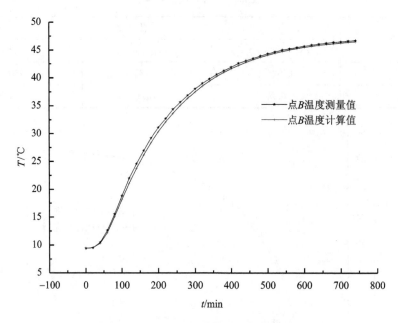

图 6 – 12　点 **B** 温度计算值与实测值对比

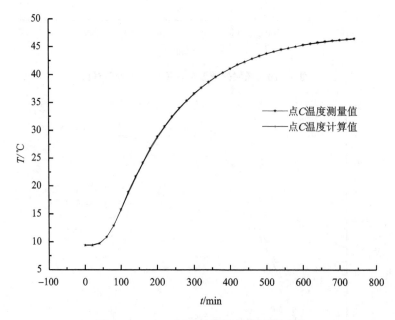

图 6 – 13　点 **C** 温度计算值与实测值对比

第 7 章　发射药点火理论及数值模拟

7.1　点火过程及影响因素

7.1.1　点火过程

　　装药与内弹道设计实践证明,良好而稳定的点火条件是获得相对稳定可靠的弹道性能的前提条件,因此,研究点火过程及其机理已成为火炮弹道学的重要研究内容。特别是高膛压火炮异常压力现象的出现,迫使研究工作者不断寻求新型的点火方式,设计新型的点火机构。

　　火炮装药点火过程是指在电能或机械能作用下,药筒底部底火中的点火药首先被引燃,燃烧气体冲出火帽使辅助点火药燃烧,生成的高温高压气体和炽热的固体颗粒以一定的速度进入火药床,通过对流和辐射传热的方式加热发射药。当发射药的表面温度达到它的着火温度时,一部分接近点火源的药粒开始燃烧,然后火药气体和点火药气体混合在一起逐次而迅速地引燃整个火药床。通常情况下,火炮装药的点燃都采用点火具的方式。常见的点火具有两种结构,一种是点火药包,一种是传火管。前者置于底火周围,或同时分散于装药的中部或上部,被底火点燃后迅速分散,弥散到装药的间隙,使之着火燃烧。这种结构燃烧压力低,热散失快,点火效果常常不理想。后者是将点火药放在金属制成的或可燃材料制成的长管中(金属传火管或可燃传火管),被底火引燃后,先在密闭或半密闭的空间中燃烧,达到一定的压力后才冲破内衬经过传火孔或炸裂传火管喷射到药床中去。这种结构具有传火速度快,强度大的特点,可提高内弹道一致性。

7.1.2　点火系统要求

　　目前广泛采用中心传火管方式改善点火条件,以达到均匀一致的点火。为了达到满意的弹道性能指标,要求点火系统应具有以下弹道性能:

　　(1)点火系统须具有足够的能量流率,即要求底火被击发后,在单位时间内产生的一定数量的高温气体与炽热的固体颗粒,并能迅速地输送到火药表面,使点火系统和发射药之间进行充分的能量交换,以保证火药迅速地全面点燃。

　　(2)为了减少压力波的形成和火药对弹丸所产生的冲击载荷,点火系统所产生的燃气流应该沿着火药床的轴线方向均匀分布,使高温燃气从轴心向火药床四周渗透,尽量抑制点火气流引起的火药床颗粒局部堆积的现象,以形成一个均匀的点火条件和起始燃烧条件。

　　(3)点火系统对装药的点火作用必须有良好的再现性,以减少各发弹药射击的差异,保证弹道性能的稳定。

　　(4)要求点火系统在很短的时间内,点火药气体与火药床最初的燃烧产物能使燃烧室压力迅速增加到足够程度,促使火药颗粒很快达到燃烧状态,以便保持良好的燃烧特性。

7.1.3 影响点火过程的因素

影响点火过程的因素主要包括传火管结构、点火药的理化性能与点火床的特点。

（1）对于粒状药床，点火管的传火孔一般采用四排孔交错分布。对于带状火药床，传火管分布在点火管两端较为有利，研究表明，传火管传火孔集中在传火管前端有可能降低大幅值的压力波。传火管的总面积是影响管压的另一个重要因素。对于装填密度大的火药床，管压可取大一些，传火管总面积可取小一些。

（2）点火药的理化因素是指点火药的组分、颗粒、燃烧反应热、燃烧温度及燃烧速度等，其中燃烧反应热与燃烧温度主要取决于点火药的组分。常用的点火药有黑火药、多孔性硝化棉与苯萘药条。硝化棉的燃烧反应热比黑火药大，但黑火药在燃烧过程中除产生高温高压的气体以外，还产生大量的灼热微小固体颗粒，这是有利于点火的。目前，大部分的点火系统均采用黑火药。

（3）点火系统与火药床之间的相互作用比较复杂，影响因素也很多。药床结构涉及火药床的空隙率、药室长径比、药室自由空间、有无药包布等因素。

7.2 点火判据

7.2.1 点火延迟时间

火药的点火过程是指火药整体或某一局部获得了足够的能量，温度升高，反应速度从不可察觉的程度迅速提高到剧烈程度的化学变化。一般由于热的、化学的或机械的激发将能量传递给固体火药，经过感应加热期而发生分解，大多数活性变化都发生在表面附近。根据火药组分的不同，表面可能形成熔化层，由于热传导、热辐射深度吸收，凝聚相的光化学分解，亚表面化学反应和热分解，使熔化层气化或固相升华。表面的燃料和氧化剂扩散进入周围环境，而周围的气体则向着表面扩散，在不同区域、不同组分之间同时发生种种化学反应。气相与凝聚相可在表面产生异相反应，接着是氧表面反应。当化学反应放出的热量超过散失的热量，凝聚相与气相的温度就进一步提高，最后化学反应和热量释放的速率失去控制而着火。从外部能量作用到着火开始称为点火延迟期。点火时间不是各个时期时间的简单代数和，混合过程和化学反应过程并没有严格界限，根据外界条件和火药组分的不同，点火延迟期的主要部分可以是这三个特征时期的任何一个，有时甚至没有混合过程。点火延迟时间是点火延迟研究中的重要参数。

7.2.2 点火判据分类

点火过程有一个确定的起点，即外界能量激励开始，而没有一个确定的终点，所以判定火药何时点火就成了一个很困难的问题。点火判据是判定火药自维持点火发生的临界条件，点火判据的选择会直接影响计算与实验观察得到的点火时间，从而影响得到的结论。点火判据的选择是点火研究的一个重要课题，目前的研究状况离得到统一的点火判据还差得很远。在宏观分析时，根据不同的理论分析与模型计算以及不同的试验观察手段，所选用的点火判据多种多样，大致可分为以下四类：

（1）以固相本身出现某种变化达到一定的程度为点火判据。例如，固相表面温度 $T_s >$ $T_{s,ig}$，表面温度陡升即 dT_s/dt 大于某一常数，表面温度出现拐点 $d^2 T_s/dt^2 = 0$ 等。

（2）以气相出现某种变化达到一定的程度为点火判据。例如，气相从正常反应到出现火焰，气相区化学反应速度大于某值等。

（3）以气相出现某种变化和固相区出现某种变化达到平衡为点火判据。例如，以气相反应放出的总热量同固相由于热传导所吸收的热量平衡作为判据，以点火压力下气相所耗用的能量值接近于固体稳定燃烧时加热层所含的能量值为判据。

（4）其他点火判据。例如，以点火延迟期作为点火判据。

7.2.3　点火判据选择

目前，所有点火判据仍未被普遍接受，主要是因为点火不仅依赖于外界能量的给予方式，而且还依赖于火药本身的性能、环境条件（如气体温度、流速、压力及氧化剂浓度等），同时还受到所选用模型和实验手段的限制，即点火不可能是某一个量或少数几个量的函数，因而很难找到包含许多影响因素的点火判据。研究者一致认为，理想的点火判据应具有以下特征：

（1）能使理论与理论之间、实验与实验之间、理论与实验之间具有可比性；

（2）能较好地反映各参数对点火过程的影响；

（3）在实验上便于确定。

7.3　点火理论模型

根据点火发生的主要物理化学过程不同点火理论可分为三类：固相点火理论、气相点火理论及异相点火理论。

7.3.1　固相点火理论

早在 1950 年费来兹（Frazer）和海克斯（Hicks）就提出了固相点火理论，基本点是认为周围环境的外部热通量和固相内部的亚表面化学反应所释放的热量，或两者之一释放的热量促成了固相表面的温度提高。固相点火理论只考虑固相内部的热传导与放热反应。点火延迟只与外界热流及火药导热性能有关，而与气相压力、氧化剂浓度无关。该理论忽略了固相表面反应层的真实物理过程，即忽略了表层产生的熔化、发泡等化学物理变化。所以，固相点火理论又称为热点火理论。

1971 年麦扎努夫（Merzhanov）和安乌松（Averson）给出了如下控制方程及定解条件。固相能量方程：

$$\rho_s c_s \frac{\partial T(t,x)}{\partial t} = k_s \frac{\partial T^2(t,x)}{\partial x^2} + \dot{q} \tag{7-1}$$

式中

$$\dot{q} = ZQ\exp\left(-\frac{E}{RT}\right) \tag{7-2}$$

边界条件一般以两种形式给出，表面温度恒定，即

$$T(t,0) = \text{const} \tag{7-3}$$

或表面热流恒定,即

$$-k_s \frac{\partial T(t,0)}{\partial x} = q_0 \quad (7-4)$$

无穷远条件:

$$\frac{\partial T(t,\infty)}{\partial x} = 0 \quad (7-5)$$

初始条件:

$$T(0,x) = T_0 \quad (7-6)$$

式中,ρ_s,c_s,k_s 分别为固相密度、热容量和导热系数;Q 为单位质量的反应热;Z 为指前因子;E 为活化能;R 为气体常数。

固相点火模型采用的点火判据主要有固相表面温度 $T_s > T_{s,ig}$,或固相表面温度变化率 dT_s/dt 大于某一常数等。在低热流、气体氧化剂浓度较高的条件下,惰性加热时间要比混合时间、反应时间长得多,这时的实验结果与固相点火模型计算符合较好。均质火药(如单基药、双基药)受热分解的产物中,氧化剂与燃料是预混的,如果这时气相区域温度较高,则点火主要取决于惰性加热过程,适于用固相点火模型描述。

7.3.2 气相点火理论

气相点火理论最早由马克莱韦(McAlevy)于 1960 年提出。该理论认为,热的氧化性环境气体引起燃料的最初热分解,燃料气体扩散到环境中和各种氧化剂或周围的氧化性气体发生化学反应,控制了点火过程,气相释放的热量又不断加强点火过程。气相点火理论通常由一组质量扩散与能量方程联立求解。1970 年海门斯(Hermance)与库玛(Kumar)给出了如下数学物理模型:

固相能量方程:

$$\rho_s c_s \frac{\partial T_s(t,x)}{\partial t} + \rho_s c_s v_s \frac{\partial T_s(t,x)}{\partial x} = k_s \frac{\partial^2 T_s(t,x)}{\partial x^2} \quad (7-7)$$

气相能量方程:

$$\rho_g c_g \frac{\partial T_g(t,x)}{\partial t} + \rho_g c_g v_g \frac{\partial T_g(t,x)}{\partial x} = k_g \frac{\partial^2 T_g(t,x)}{\partial x^2} + \dot{q} \quad (7-8)$$

组分方程:

$$\rho_g \frac{\partial Y_j}{\partial t} + \rho_g v_g \frac{\partial Y_j}{\partial x} = \frac{\partial}{\partial x}\left(\rho D \frac{\partial Y_j}{\partial x}\right) + \dot{W}_j \quad (7-9)$$

式中,ρ,c,k 分别为密度、比热容与热传导系数;v 为速度;下标 s,g 分别对应固相与气相;D 为扩散系数;$\dot{q}$ 与 $\dot{W}$ 是反应热和 j 组分的质量源项。气相点火模型采用的判据主要有气相区点火温度 $T_{g,ig}$,气相区温度变化速率大于某一常数,气相化学反应速度大于某一常数等。在高热流情况下,固相惰性加热时间较短,混合反应时间较长,这时的实验结果与气相点火模型计算结果拟合较好,气相点火模型较真实地反映了实际点火的过程。在热流大、气体流速低的条件下,火焰最早出现在火药表面或前滞止区,随着气流流速的加大,火焰最早出现的位置可能会向火药下游漂移,有时火焰出现在远离火焰表面的尾流区。

7.3.3　异相点火理论

异相点火理论最早由安德松(Anderson)在 1963 年提出。这种理论认为,反应的主要机理是固相燃烧与气相氧化剂在两相界面上的反应。这种理论能较好地解释自燃点火现象。所谓自燃点火是指在室温下,含有一定氧化剂的气体就能使火药在其界面上发生剧烈的化学反应。1966 年威廉斯(Willianms)给出如下形式的数学模型:

固相能量方程:

$$\frac{\partial T_s(t,x)}{\partial t} = a_s \frac{\partial^2 T_s(t,x)}{\partial x^2} \tag{7-10}$$

气相能量方程:

$$\frac{\partial T_g(t,x)}{\partial t} = a_g \frac{\partial^2 T_g(t,x)}{\partial x^2} \tag{7-11}$$

氧化剂组分方程:

$$\rho_g \frac{\partial Y}{\partial t} = \frac{\partial}{\partial x}\left(\rho_g D \frac{\partial Y}{\partial x}\right) \tag{7-12}$$

界面能量平衡方程:

$$k_s \frac{\partial T_s}{\partial x}\Big|_{x=0^-} = k_g \frac{\partial T_g}{\partial x}\Big|_{x=0^+} + \dot{q} + \dot{q}_r \tag{7-13}$$

式中,$a = k/(\rho c)$ 称为导温系数;下标 s,g 分别对应于固相与气相;$\dot{q}$ 为反应热;$\dot{q}_r$ 为辐射热。

7.3.4　点火模型对比

固相点火模型最简单,求解最方便,比较真实地描述了电热丝点火和热固体颗粒点火的过程,与低热流下各种火药的点火以及高热流下均质零氧平衡火药(如单基药、双基药)的点火实验拟合较好。但由于固相点火理论没有考虑气相成分、扩散、反应等因素,所以不能解释气相压力、气体成分及浓度对点火延迟的影响。

气相点火理论较真实地描述了大部分热气流点火、辐射点火过程,能较好地解释气相氧化剂的浓度、气体压力及流速对点火延迟的影响,能较好地解释火焰最早出现在偏离火药表面区域的现象,但气相点火模型及计算较复杂,同时要求气相化学反应的信息较多,在实际情况下,只能对很复杂的化学反应做一些简化假设。

与固相点火理论、气相点火理论相比,异相点火理论远不成熟,有关异相点火理论的文献也较少。异相点火理论能解释在没有外热流作用下的自燃点火现象,能较好地反映气相区氧化剂浓度对点火延迟时间的影响。

三种点火理论的主要区别在于所假设的反应控制机理不同。在低热流下,固相惰性加热时间较长,固相加热与反应控制点火过程,这时适合采用固相点火理论。在高热流下,气相区的混合反应时间较长,适合采用气相点火模型。火炮大部分采用均质发射药,它们受热分解的气体中燃料和氧化剂成分是预混的,实际点火时,发射药周围气体温度较高,当预混气体积蓄到一定浓度时就能反应,所以均质发射药的点火过程是固相加热分解的过程,适宜采用固相点火理论。而对复合推进剂,氧化剂颗粒与燃料浇注在一起,一般氧化剂和燃料分解温度不一样,受热分解时,气体需要一个混合过程才反应。在高热流条件下,固相加热时间较短,气相区域的混合时间较显著,所以复合推进剂在高热流下应采用气相点火模型。

7.3.5 发射药点火数值模拟

半无穷大平板考虑有化学反应而保持表面温度不变的一维点火模型如下:

$$
\left.
\begin{aligned}
&\rho_c c_c \frac{\partial T}{\partial t} = \lambda_c \frac{\partial^2 T}{\partial y^2} + B_c \exp(-E_c/(RT)) \\
&T = T_i,\ t = 0 \\
&T = T_\infty = T_i,\ y = \infty \\
&T = T_s > T_i,\ y = 0
\end{aligned}
\right\}
\tag{7-14}
$$

严格地说,该方程组无穷远处边界条件表达式不十分准确,因为化学反应项的存在,固相内任意地方的温度都可能变化。但对于短暂时间加热问题,该方程组是足够精确的。前面讲过,对这种方程只能采用数值法求解。数值结果表明,加热到一定时间后,在靠近火药表面的某个地方,即亚表面层温度会突然升高,并高于表面温度。而表面($y=0$)温度维持不变是因边界条件的限制,仍为 T_s。那么,如何判断"着火"呢?习惯上,当火药表面单位面积上的热通量(逐渐下降)正好等于亚表面层化学反应热的生成速率时,则认为这时火药已经点燃。图 7-1 所示为某发射药沿厚度方向不同时间、不同位置的温度变化情况。

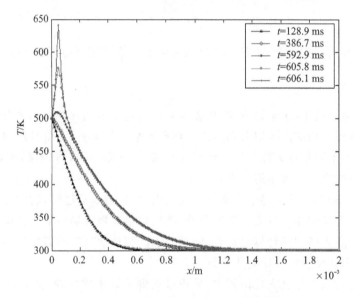

图 7-1 某发射药点火前温度变化情况

7.4 底排药剂两相点火数值模拟

7.4.1 概 述

在火炮膛内,底排装置从底部密封片被打开,发射药燃气涌入底排装置内腔到弹丸出炮口,其点火激励以纯高温燃气的对流和热传导方式为主。实验表明,底排药柱在火炮膛内被高温燃气点燃,但这种点火是不可靠的,往往在出炮口的后效期内因瞬态卸压而引起底排火焰失稳而熄灭。因此,在工程中为了提高底排药柱点火的可靠性,复合底排药剂普遍采用专门点火具。这类点火具内装有烟火类点火药剂,其点火射流为气-粒两相流,即由气相和颗粒相共同组成,其中颗粒相可能有两种物态,即液态或固态,物态与其温度有关,当然还与颗粒本身的物化性能有关。两相射流中的颗粒初始温度超过 1 500 K,但点火射流经过小孔膨胀和颗粒飞越一定距离后,气相和颗粒相温度均会下降,当与底排药柱表面接触时,颗粒可能为液态,也可能为固态。液态颗粒与底排药剂表面接触碰撞时将发生飞溅损失及二次碰撞。固态颗粒与底排药剂表面碰撞接触,其状态不仅与颗粒本身性能有关,还与底排药剂表面性质有关。可以认为,在底排药剂表面温度未达到使其软化之前,点火射流中的固态颗粒与之为刚性碰撞,不能黏附于火药表面。

两相射流点火条件下,当其颗粒为固态时,点火机制因固体底排药剂表面特征温度不同而不同。当表面温度较低,底排药剂尚未达到软化点 T_r 之前时,底排药剂表面坚硬;达到软化点之后,底排药剂表面变软。定义软化温度 T_r 值对应的时间为软化时间 t_r。在软化点之前,即 $T < T_r$ 时,固体颗粒与火药表面呈刚性碰撞;软化点之后,固体颗粒和液体颗粒一样会黏附在含能材料表面上,并且还会嵌入一定深度。因此,在软化点之前,两相射流对固体表面的传热与点火过程靠边界层湍流增强、流体辐射能力增加和颗粒与表面之间的直接接触得以强化。Goldshleger 采用实验的方法得出了含能材料被两相流强化加热的强化对流换热系数经验公式,即

$$h_t / h_g - 1 = 3.6 \beta_t^{1.38} (D/d_p)^{0.8} (T_t/T_i)^{3.8} \qquad (7-15)$$

式中,h_t 与 h_g 分别为两相流和纯气流的有效对流换热系数;β_t 为点火射流中稠密相体积浓度;D 为含能材料特征尺寸;d_p 为颗粒特征尺寸;T_t 为两相流温度;T_i 为含能材料初温。对纯气体其对流传热系数取下式:

$$h_g = 1.14 \lambda_g [(u/D\nu)_g^{0.5} (\nu/a)_g^{0.37}] \qquad (7-16)$$

式中,λ_g 为气体导热系数;ν_g 为气体黏性系数;u_g 为气流速度;$a_g = \lambda_g/(c_g\rho_g)$,即气体导温系数。

由于式(7-15)是在两相流垂直于含能材料试样表面流动条件下所获得的,当两相流流动方向与固体含能材料表面存在一定夹角时,计算的对流换热系数要小一点,为此引入强化修正系数 $\alpha (0 < \alpha \leqslant 1)$,即

$$h_t / h_g - 1 = 3.6 \alpha \beta_t^{1.38} (D/d_p)^{0.8} (T_t/T_i)^{3.8} \qquad (7-17)$$

用来表征两相流流动方向对强化换热系数的影响。

当颗粒为液态时,即气-液两相流点火,至今未见相关文献报道。我们认为,液滴喷射在底排药柱表面上有一个溅射和堆积过程,当达到一定厚度,则可能与固相颗粒嵌满表面情况相似,含能材料表面加热机理将发生重大变化,加热过程的计算考虑采用与固相颗粒嵌满表面时相同的方法。总之,无论颗粒的物相为固态还是液态,当含能材料表面被颗粒覆盖之后,相当于表面上形成了颗粒覆盖层,也相当于加上了一层薄膜,并认为这层薄膜厚度即为颗粒直径。假定从此时开始,表面外侧由对流和辐射产生的热通量与软化前相同,但要通过薄膜传入,薄膜热物性取决于颗粒材料本身。

7.4.2 物理模型

基本假设:

(1) 点火具未工作之前,底排药柱由膛内纯燃气加热,之后由点火具产生的两相射流加热。

(2) 点火具产生的点火射流为气-粒两相流,颗粒相可能为液体,也可能为固体,但颗粒均为球形,直径为 d_p。

(3) 当底排药柱表面升温达到软化点 T_r,固体颗粒相开始嵌入或黏附;液态颗粒在火药表面上的堆积呈单层均匀分布,其厚度为颗粒直径。

(4) 两相流中颗粒浓度对嵌入时间效应或堆积时间效应没有影响。

(5) 颗粒覆盖表面需要的时间与底排药点火延迟时间或单个颗粒在底排药剂表面引发的"热斑"效应(局部点火)的延迟时间相比要小得多。

(6) 当颗粒覆盖于火药表面并形成厚度为颗粒直径的一层薄膜之后,有效对流热通量与覆盖前相同,但要通过薄膜传入,薄膜热物性为常数且取决于颗粒材料本身。

7.4.3 数学模型

将底排药柱点火特性以软化点为界分为两个阶段。第一阶段,当 $T < T_r$ 时,两相流对流强化换热占主导作用;第二阶段,当 $T \geqslant T_r$ 时,即表面达到软化点之后,或者液态颗粒在表面上集聚到颗粒平均当量直径的厚度时,两相流强化传热的热流量通过颗粒薄膜传递给含能材料。两个阶段的热量传递过程示意图分别如图 7-2 和图 7-3 所示,所对应的热平衡方程和定解条件、连接条件分别为

$$
\left.\begin{aligned}
&c_c \rho_c \frac{\partial T_c}{\partial t} = \lambda_c \left(\frac{\partial^2 T_c}{\partial y^2} + \frac{n}{y} \frac{\partial T_c}{\partial y} \right) + A Q_c \exp\left(-\frac{E}{R T_c} \right) \\
&T_c(y, 0) = T_i \\
&-\lambda_c \frac{\partial T_c}{\partial y} + h_g (T_t - T_i) \big|_{r_1, t} = 0 \ \text{或} \ -\lambda_c \frac{\partial T_c}{\partial y} + h_t (T_t - T_i) \big|_{r_1, t} = 0 \\
&T_c(\infty, t) = T_i
\end{aligned}\right\} (T < T_r)
$$

$$(7-18)$$

底排药剂(c_c, ρ_c, λ_c, T_c)

○○ —— 颗粒相

┅┅ —— 气相(T_g, a_g, v_g, u_g)

⊙⊙ —— 两相流(T_t, a_t, v_t, u_t)

图 7-2 第一阶段传热示意图

底排药剂(c_c, ρ_c, λ_c, T_c)

○○ —— 颗粒相 ●● —— 薄膜 (c_t, ρ_t, λ_t)

┅┅ —— 气相(T_g, a_g, v_g, u_g)

⊙⊙ —— 两相流(T_t, a_t, v_t, u_t)

图 7-3 第二阶段传热示意图

$$\left. \begin{aligned}
& c_c \rho_c \frac{\partial T_c}{\partial t} = \lambda_c \left(\frac{\partial^2 T_c}{\partial y} + \frac{n}{y} \frac{\partial T_c}{\partial y} \right) + c_c \rho_c \dot{r} \frac{\partial T_c}{\partial y} + AQ_c \exp\left(-\frac{E}{RT_c} \right) \\
& (r_1 \leqslant y \leqslant r_2) \\
& c_f \rho_f \frac{\partial T_f}{\partial t} = \lambda_f \left(\frac{\partial^2 T_f}{\partial y^2} + \frac{n}{y} \frac{\partial T_f}{\partial y} \right) \qquad (r_1 - d \leqslant y \leqslant r_1) \\
& T_f(y, t_r) = T_r \qquad\qquad\qquad\qquad (\text{初始条件}) \\
& \lambda_f \frac{\partial T_f}{\partial y} + h_t (T_t - T_i)\big|_{r_1-d, t} = 0 \qquad (\text{边界条件}) \\
& \left. \begin{aligned} & \lambda_c \frac{\partial T}{\partial y}\Big|_{r_1, t} = \lambda_f \frac{\partial T_f}{\partial y}\Big|_{r_1, t} \\ & T_c(r_1, t) = T_f(r_1, t) \end{aligned} \right\} \qquad (\text{连接条件})
\end{aligned} \right\} (T_c \geqslant T_r)$$

$$(7-19)$$

式中，n 与药柱表面形状特征有关，$n=0,1,2$ 分别对应于半无穷大平板、圆柱面和球面；c_c 为含能材料比热；ρ_c 为含能材料密度；Q_c 为反应热；A 为指前系数；E 为活化能；R 为通用气体常数；r_1 分别为含能材料边界；y 为坐标；t 为时间；下标 g 表示与燃气相关的参量，下标 f 表示与薄膜相关的参量，下标 t 表示与两相流相关的参量。

采用显示格式，扩散项取中心差分，非稳态项采用向前差分，则对应式（7 - 18）与式（7 - 19）的两相流点火模型的离散网格分别如图 7 - 4 与图 7 - 5 所示，其差分格式分别为

$$\left. \begin{aligned}
& T_{c(n)}^{(i+1)} = Fo_{c\Delta}(T_{c(n+1)}^{(i)} + t_{c(n-1)}^{(i)}) + (1 - 2Fo_{c\Delta})T_{c(n)}^{(i)} + H_c \Delta t_c \\
& T_{c(0)}^{(i+1)} = T_{c(1)}^{(i+1)} + h_t(T_t - T_i)\Delta y_c / \lambda_c
\end{aligned} \right\} (T_c < T_r) \quad (7-20)$$

式中，$Fo_{c\Delta} = a_c \Delta t_c / \Delta y_c^2$，$a_c = \lambda_c / \rho_c c_c$，$H_c = AQ_c \exp(-E/(RT_c))$。

$$\left. \begin{aligned}
& T_{c(n)}^{(i+1)} = Fo_{c\Delta}(T_{c(n+1)}^{(i)} + T_{c(n-1)}^{(i)}) + (1 - 2Fo_{c\Delta})T_{c(n)}^{(i)} + H_c \Delta t_f \qquad (r_1 \leqslant y \leqslant r) \\
& T_{f(n)}^{(i+1)} = Fo_{f\Delta}(T_{f(n+1)}^{(i)} + T_{f(n-1)}^{(i)}) + (1 - 2Fo_{f\Delta})T_{f(n)}^{(i)} \qquad (r_1 - d \leqslant y \leqslant r_1) \\
& T_{f(0)}^{(i+1)} = T_{f(1)}^{(i+1)} + h_t(T_t - T_i)\Delta y_f / \lambda_f \\
& \lambda_c(T_{c(1)} - T_{c(0)}) / \Delta y_c = (T_{f(N_f)} - T_{c(N_f-1)}) / \Delta y_f \\
& T_{c(0)} = T_{f(N_f)}
\end{aligned} \right\} (T_c \geqslant T_r)$$

$$(7-21)$$

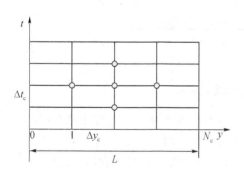

图 7 - 4 软化点之前的网格划分

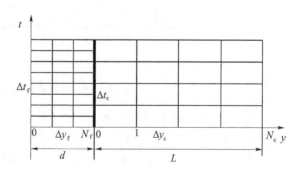

图 7 - 5 软化点之后的网格划分

式中,$Fo_{f\Delta}=a_f\Delta t_f/\Delta y_f^2$,$a_f=\lambda_f/\rho_f c_f$,$\Delta t_c=\varepsilon\Delta y_c^2/(2a_c)$,$\Delta t_f=\xi\Delta y_f^2/(2a_f)$,$\varepsilon$ 与 ξ 取 $0\sim1$ 的值。

以某 155 mm 复合底排药柱的出膛口二次点火过程为例,采用两相流点火模型进行数值模拟,计算得到了底排药柱软化时间 t_r 和对应于点火温度 T_d 的点火延迟时间 t_d,并将其与实验结果进行了对比分析。底排药剂和点火射流物性及相关参数取值如表 7-1 所列。

表 7-1　物性及相关参数

符号	c_c	ρ_c	λ_c	AQ_c	E	λ_t	ν_t	ε	ξ
数值	1 200	1 710	0.402	6.688×10^{26}	2.4×10^5	9.15×10^{-2}	233.7×10^{-6}	0.8	0.8
单位	J/(kg·K)	kg·m³	W/(m·K)	J/(m⁻³·s)	J/mol	W/(m·K)	m²/s	—	—
符号	c_f	ρ_f	λ_f	T_t	T_r	T_d	a_g	α	β_t
数值	1 000	2 750	200	1 700	450	650	316.5×10^{-6}	0.15	3×10^{-3}
单位	J/(kg·K)	kg·m³	W/(m·K)	K	K	K	m²/s		

计算表明,底排药柱达到软化的时间 $t_r=102$ ms,点火延迟时间 $t_d=749$ ms。着火之前不同时刻底排药柱表面内径向温度分布如图 7-6 所示;距底排药柱表面特定距离处的温度随时间的变化曲线如图 7-7 所示;底排药柱软化之后,着火之前颗粒薄膜特定时刻在不同厚度处温度的变化曲线如图 7-8 所示;薄膜左边界温度随时间的变化曲线如图 7-9 所示。

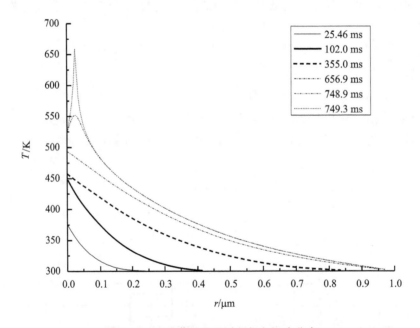

图 7-6　底排药柱不同时刻径向温度分布

由图 7-6 和图 7-7 可以看出,有三个现象值得关注:① 底排药剂点火过程中软化时间约为整个点火延迟时间的 1/7;② 点火第一阶段即达到软化点之前的温度上升速率远大于第二阶段前期的上升速率,表明在第二阶段前期颗粒嵌入底排药剂并形成薄膜之后,表面温度已显著上升,相对而言,进入固体药剂的热量即有效对流传热减弱了。③ 最先达到着火温度的位置不是底排药剂表面,而是接近表面约 $15\sim35\ \mu m$ 处,这是因为颗粒覆盖层的存在使底排药剂表面温度上升速率受到了制约;又因方程源项中活化能作用的存在,当接近点火温度时(约 $0.5\ ms$)该处温度上升超过了表层,引起最先着火。由图 7-8 和图 7-9 可以看出,颗粒相形成的薄膜层内温度梯度很小,这是由薄膜层厚度内($200\ \mu m$)导热系数很大造成的;薄膜层左边界温度开始略微下降,是由于假定薄膜一旦形成其初始温度为软化温度造成的,而后与底排药剂合为一体温度又逐渐上升,与理论分析吻合。

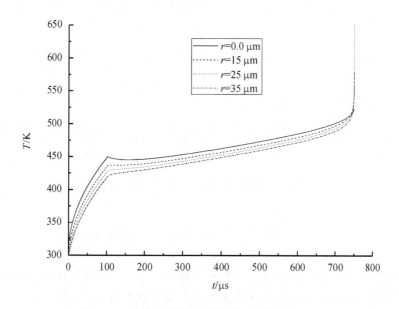

图 7-7　距离底排药柱表面不同位置温度变化

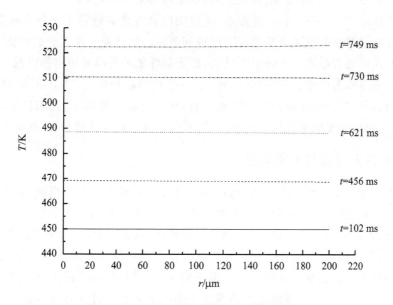

图 7-8　颗粒形成的薄膜温度沿厚度的变化

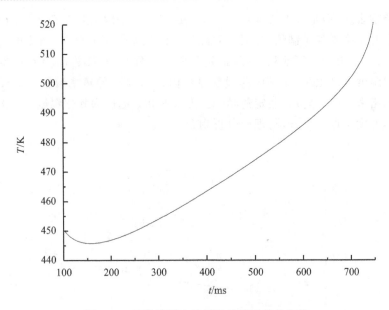

图 7 - 9 颗粒薄膜左边界温度随时间的变化

7.5 激光点火理论与数值模拟

火炮装填密度增大、密实装药床透气性变差使得点传火问题变得日益突出,又由于大口径坦克炮所采用的分装式装药结构,这就给火炮射击安全性提出了点火同时性及一致性的要求。改善密实药床的点传火性能,实现多点点火,避免局部点火,成为大口径火炮中的关键因素。激光具有单色性好、输出功率高、光分散小、能量集中及在传输过程中不易衰减等特点。激光点火是将激发出的能量通过光纤及光纤网传输到药室内的感光—点火点点燃整个药床的一种新型点传火方式。随着激光技术的不断发展,激光器性能的提高及价格的降低,都使得激光点火系统的实际使用成为可能。美国在 20 世纪 90 年代初期提出了 LIGHT 研究计划,其目标是除去底火,利用激光点燃少量的感光含能材料,从而引燃装药床;其远期目标是取消所有的烟火剂等材料,利用激光能量直接点燃发射药,从而简化火炮系统的操作,保证发射安全可靠。

7.5.1 激光点火装置与点火系统

激光点火实验系统主要由激光器、滤膜、聚光球、支架和发射药等组成,如图 7 - 10 所示。激光器是激光点火装置的核心部件,输出激光能量大小是激光器的主要指标。脉冲激光器不需要冷却系统,普遍采用较为成熟的 Nd:YAG 材料,它具有光学质量好、增益高、导热率高、阈值低且在高、低温下结构稳定、不存在相变等优点。光导纤维的功能是传输激光,主要参数为传输效率和结构强度。通常光导纤维选择集束型光纤材料,其输入接头与激光器输出端采用耦合设计,提高了激光与光导纤维之间的耦合效率。激光发火管在点火传爆过程中起着承上启下的作用,由金属壳体、加强帽、装药等组成。激光发火管与光导纤维输出接头之间采用螺纹连接,可确保光纤端面与激光发火管的可靠连接和激光发火管发火后的结构密封。

图 7 - 11 所示为激光与固体推进剂表面的交互作用,作用过程中的重要参数主要包括:药

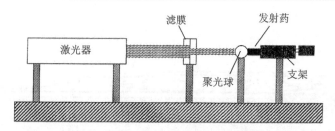

图 7 - 10　颗粒薄膜左边界温度随时间的变化

粒表面激光吸收率、激光穿透深度、气体生成速率、热扩散系数、导热系数、表面反射率、生成燃气压力、稳态与非稳态燃烧、相邻药粒的火焰传播、点火与熄火特性等。实验室中通过调整优化上述相关参数,使得装药能成功点燃。点火延迟时间、压力-时间曲线与发光率、高速燃烧图像等均是重要的测量参数。试验室中的小尺度激光点火的成功为将该技术进一步应用在大口径武器点火系统奠定了基础。

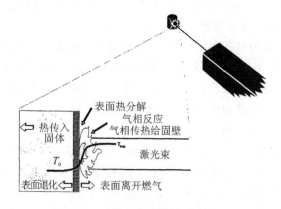

图 7 - 11　激光与推进剂表面的作用

　　大口径火炮模块装药激光点火系统概念示意如图 7 - 12 所示,激光束必须经过如下几个交界面的传输过程,弹尾蓝宝石窗口、窗口涂层膜片与点火药。经过上述环节激光的能量损失情况基本为:几乎 100% 的能量通过蓝宝石窗口,少量的反射与吸收可通过在窗口上镀上一层导电介质予以控制;70% 的能量穿透涂层膜,30% 的能量被吸收或反射;点火药包稀疏布袋材料保证剩余能量的全部穿透。复杂的光纤传输网络可布置在发射药药床,以适应与复杂的弹丸装药和密实药床点火,可保证弹药尾部同时点火,典型分布式光纤嵌入装药激光点火系统如图 7 - 13 所示。

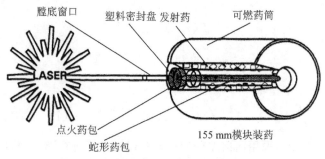

图 7 - 12　模块装药激光点火概念示意

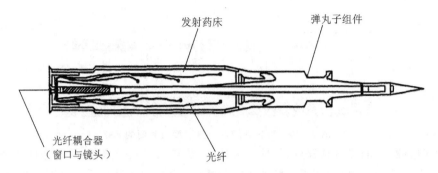

发射药床

弹丸子组件

光纤耦合器
（窗口与镜头）

光纤

图 7 - 13　分布式光纤嵌入装药激光点火系统

7.5.2　激光固相点火模型

激光点火机理可被看作热点火机理。在建立激光对发射药的点火模型前，为了简化数学模型的控制方程，提出如下几点假设：

（1）推进剂看作是均匀且各向同性的物质，认为其热物性参数（如导热系数、比热容等）及化学反应特征量（如活化能、反应热等）为常数，即不随温度变化而变化。

（2）忽略发射药端面的对流和辐射换热，无激光照射的表面为绝热边界。

（3）忽略发射药的径向热损失，仅考虑轴向热损失。

（4）不考虑发射药的相变热。

（5）点火过程中发生的化学反应为零级反应，反应热以阿雷尼乌斯方程的形式作为源项。

根据以上假设，考虑发射药的热传导、化学反应热以及激光在推进剂内部的传播造成的热能衰减后，建立如下一维固相点火模型：

$$\rho c \frac{\partial T}{\partial t} = \lambda \frac{\partial^2 T}{\partial x^2} + \rho Q A \mathrm{e}^{-E/(RT)} + (1-f)\beta I_0 \mathrm{e}^{-\beta x} \tag{7-22}$$

式中，ρ 为推进剂密度，$\mathrm{kg \cdot m^{-3}}$；c 为比热容，$\mathrm{J \cdot kg^{-1} \cdot K^{-1}}$；$\lambda$ 为导热系数，$\mathrm{W \cdot m^{-1} \cdot K^{-1}}$；$Q$ 为推进剂的化学反应热，$\mathrm{J \cdot kg^{-1}}$；A 为频率因子，$\mathrm{s^{-1}}$；E 为推进剂的活化能，$\mathrm{J \cdot mol^{-1}}$；$R$ 为通用气体常数，$\mathrm{J \cdot mol^{-1} \cdot K^{-1}}$；$f$ 为推进剂的光反射率；β 为推进剂的光吸收系数，$\mathrm{m^{-1}}$；I_0 为激光的强度，$\mathrm{W \cdot m^{-2}}$。

式（7-22）各项的含义如下：等号右边第二项为推进剂在单位时间单位体积内的化学反应热，右边第三项为推进剂单位时间单位面积吸收的光能。推进剂的化学反应热和激光在其内部的传播对推进剂的点火延迟时间的影响是不可忽视的，化学反应热的影响尤为突出。

初始条件：

$$T(x,t)\big|_{t=0} = T_0 \tag{7-23}$$

边界条件：

$$\frac{\partial T}{\partial x}\bigg|_{x=\infty} = 0 \tag{7-24}$$

$$-\lambda \frac{\partial T}{\partial x}\bigg|_{x=0} = (1-f)I_0 + \Delta x \rho Q A \mathrm{e}^{-E/(RT)} - (1-f)\beta I_0 \mathrm{e}^{-\beta \Delta x} \tag{7-25}$$

对控制方程式（7-21）采用向前差分的格式对以上各式进行离散，设时间步长为 Δt，空间步长为 Δx，则

$$\frac{\partial T}{\partial t} = \frac{T(i,j+1) - T(i,j)}{\Delta t} \tag{7-26}$$

$$\frac{\partial^2 T}{\partial x^2} = \frac{T(i+1,j) - 2T(i,j) + T(i-1,j)}{\Delta x^2} \tag{7-27}$$

差分格式的稳定条件为

$$\frac{\lambda}{\rho c} \cdot \frac{\Delta t}{\Delta x^2} \leqslant \frac{1}{2} \tag{7-28}$$

某药剂基本参数如下：$\rho = 1\,468\ \text{kg/m}^3$，$c = 1\,023\ \text{J/kg} \cdot \text{K}$，$\lambda = 24.45\ \text{W/m} \cdot \text{K}$，$A = 3 \times 10^{10}/\text{s}^{-1}$，$E = 6.96 \times 10^4\ \text{J/mol}$，$Q = 7.732 \times 10^6\ \text{J/kg}$。

图 7-14 为相同脉冲宽度（1 200 μs）、相同光束半径（0.58 mm）、不同入射激光能量水平时某药剂的点火过程的表面温度的成长过程。随着入射激光能量水平的提高，药剂表面温度上升加快，说明入射激光能量水平影响点火延迟时间。当入射激光能量水平低于 18 mJ 时，点火不能发生，可判定药剂在光束半径为 0.58 mm 时点火能量阈值为 18 mJ，临界点火能量密度为 1.7 J/cm^2。

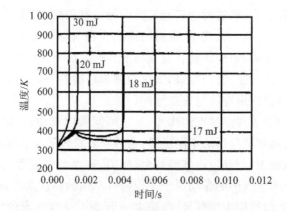

图 7-14　某药剂表面温度变化与激光能量的关系

第8章 火炮身管受热分析

8.1 火炮发射过程的特征

武器的发射过程是一种极其复杂的物理化学变化过程。就本质看,储存在发射药中的化学能首先转化为热能并产生大量的高温燃气;然后,随着能量的不断释放,弹丸在高温高压燃气的推动下实现武器的弹道性能。该过程的主要特征是燃气温度高、压力大、流速快。发射过程中,高温燃气在推动弹丸高速运动的同时,也对与之相接触的内膛壁面强制传热,提高了身管的表层温度,破坏了身管壁内的热平衡状态,形成了非稳态的温度分布。发射燃气对内膛产生两方面的热作用:宏观上,内膛表面接受传入的热量后温度升高,使发射时装填入膛的装药处在受膛壁加热的热环境中,严重时会引起装药中的可燃药筒、模块装药或药包装药在一定温度下发生自燃,危及发射安全。微观上,高温高速的火药气体内膛壁面薄层的温度急剧变化,并与金属材料发生化学反应,使壁面材料发生相变、融化,加上表面的机械磨损,内膛的发射环境改变,导致武器效能(如初速、射程等)的损失与射击精度的下降。发射过程中火药燃气对身管壁的热作用危及武器的使用性能与安全性能。

火炮在发射过程中由于内部黏性的作用,某一瞬间膛内流动边界层变化规律的物理模型如图 8-1 所示。弹丸运动到身管的不同位置,边界层外缘线的位置将随之变化。由于发射历时很短,都是毫秒的数量级,而且膛内气流温度、压力、速度及密度等均是时间和坐标的函数,膛内存在压力差,因而火药气体的流动属于非定常可压缩的黏性流。就流动的状态而言,不论以身管口径或以弹丸的行程作为特征尺寸,弹丸一开始运动时气流的雷诺数就达到 10^5 的数量级,而且核心流的紊流度很大,径向速度和温度存在很大梯度,无疑气流边界层处于湍流状态。以边界层外缘线为界,可以把膛内流动划分为核心流和边界层流两个区域。对于一般的管内流动,在入口阶段流动是不定常的,流动速度及边界层厚度都沿流程变化,只有当边界层在轴线重合后,流动才充分发展。但是对于火炮膛内的流动,由于身管的长度有限,两端封闭,而气流的速度又很高,弹丸出炮口瞬间的雷诺数仍在 10^5 以上(如以身管口径 d 作为特征尺寸),对于这样高的雷诺数,火炮膛内流动边界层不会在身管轴线上汇合。此外,由于膛内气流的前方受弹丸所阻,因而边界层的变化规律与一般的管内流动不同。至于膛底,因为气流速度等于零,边界的厚度也必然等于零,在弹底截面上,气流速度应等于弹丸速度,但在该截面的膛面上,因气体的黏性作用流速降为零,所以在弹底的截面上边界层厚度也等于零,因而边界层最厚的位置将出现在膛底与弹底之间的某一位置。弹丸运动还伴随着装药的运动和燃烧,所以又是具有化学反应的两相流,其次在发射过程中膛面环境的温度在极短的时间内由初始温度升到 3 000 K 以上,因而对流换热是在壁温变化的条件下进行的。与工程上经常遇到的传热现象一样,膛内的传热也是以导热、对流和辐射这三种基本的传热方式进行。虽然气体温度高达 3 000 K 以上,但辐射换热量只是对流换热的百分之一,所以辐射换热一般可以不考虑。

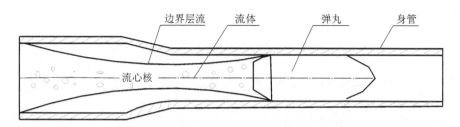

图 8 - 1　膛内流动边界层变化规律的物理模型

8.2　发射过程中的核心流模型

8.2.1　基本假设

由于射击过程是一个极其复杂的物理化学变化过程,膛内流动现象实际上是一个多维、非定常、伴随着化学反应的两相流体力学问题。在建立核心流模型时,忽略一些次要因素,引入以下基本假设:

(1) 膛内流动为一维非定常流动;

(2) 火药颗粒群为连续介质的拟流体;

(3) 各个药粒形状尺寸严格一致,火药燃烧服从几何燃烧定律;

(4) 各固相均为不可压,即各固相密度为常数;

(5) 在各单元体内,燃气服从 Nobel - Abel 气体状态方程;

(6) 火药燃烧产物的组分不变,火药力 f、火药气体余容 α 和比热比 k 均作为常数;

(7) 相间阻力和导热系数等均作为两相当地平均状态函数,并由经验方法确定;

(8) 不考虑火炮后座。

8.2.2　基本数学模型

1. 两相流体动力学基本方程组

气相质量守恒方程:

$$\frac{\partial}{\partial t}(A\varphi\hat{\rho}_g) + \frac{\partial}{\partial x}(A\varphi\hat{\rho}_g u_g) = A\sum_{i=1}^{n}\hat{A}_{p_i}\hat{\rho}_{p_i}\dot{d}_i \qquad (8-1)$$

式中,$\varphi + \sum_{i=1}^{n}\varepsilon_i = 1$;$n$ 为混合装药的火药种数。

固相质量守恒方程:

$$\frac{\partial}{\partial t}(A\varepsilon_i) + \frac{\partial}{\partial x}(A\varepsilon_i u_{p_i}) = -\hat{A}_{p_i}A\dot{d}_i \qquad (8-2)$$

气相动量守恒方程:

$$\frac{\partial}{\partial t}(A\varphi\hat{\rho}_g u_g) + \frac{\partial}{\partial x}(A\varphi\hat{\rho}_g u_g^2) + A\varphi\frac{\partial P}{\partial x} = -Af_p + A\sum_{i=1}^{n}\hat{A}_{p_i}\hat{\rho}_{p_i}\dot{d}_i u_{p_i} \qquad (8-3)$$

式中,$f_p = \sum_{i=1}^{n}\hat{A}_{p_i}f_{p_i}$。

固相动量守恒方程：

$$\frac{\partial}{\partial t}(A\varepsilon_i\hat\rho_{p_i}u_{p_i}) + \frac{\partial}{\partial x}(A\varepsilon_i\hat\rho_{p_i}u_{p_i}^2) + A\varepsilon_i\frac{\partial P}{\partial x} + \frac{\partial}{\partial x}(A\varepsilon_iR_i)$$
$$= -A\hat A_{p_i}\hat\rho_{p_i}u_{p_i} + A\hat A_{p_i} + A\hat A_{p_i}f_{p_i} \tag{8-4}$$

气相能量守恒方程：

$$\frac{\partial}{\partial t}\left[A\varphi\hat\rho_g\left(e_g + \frac{u_g^2}{2}\right)\right] + \frac{\partial}{\partial x}\left[A\varphi\hat\rho_g u_g\left(e_g + \frac{P}{\hat\rho_g} + \frac{u_g^2}{2}\right)\right] + P\frac{\partial}{\partial t}(A\varphi)$$
$$= -A\sum_{i=1}^n \bar A_{p_i}f_{p_i}u_{p_i} - A\sum_{i=1}^n \bar A_{p_i}q - Q_\omega + A\sum_{i=1}^n \hat A_{p_i}\hat\rho_{p_i}\dot r_i\left(e_{p_i} + \frac{P}{\rho_{p_i}} + \frac{u_{p_i}^2}{2}\right) \tag{8-5}$$

式中，$Q_\omega = (h+h_r)(T_g+T_\omega)$，$h_r = \varepsilon\sigma_0(T_g+T_\omega)(T_g^2+T_\omega^2)$；$A$ 为炮膛截面面积；φ 为空隙率；$\hat\rho_g$ 为气相真实密度；u_g 为气相速度；P 为气体压力；u_p 为固相速度；e_g 为气体的内能；σ_0 表示 Setphna-Bolztmnan 常数；ε 表示热辐射系数；T_ω 为膛壁表面温度；$e_g = \dfrac{RT_g}{k_i-1}$，$e_{p_i} = \dfrac{f_i}{k_i-1}$。

2. 两相流动中的辅助方程

在求解式(8-1)～式(8-5)的 5 个守恒方程组成的两相流体动力学基本方程组时，需要用到反映气体状态、颗粒间应力、相间阻力、相间热交换量以及固相颗粒表面温度等参量的辅助方程。

（1）气体状态方程

$$p\left(\frac{1}{\hat\rho_g} - \alpha\right) = RT_g \tag{8-6}$$

式中，α 为火药气体余容，m^3/kg。

（2）固体颗粒间应力

$$R = \begin{cases} -\dfrac{\hat\rho_p a^2}{1-\varphi}(\varphi-\varphi_b)\dfrac{\varphi}{\varphi_b}, & \varphi \leqslant \varphi_b \\[3mm] \dfrac{\hat\rho_p a^2}{2K(1-\varphi)}\left[1-e^{-2K(1-\varphi)}\right], & \varphi_b < \varphi < \varphi_a \\[3mm] 0, & \varphi \geqslant \varphi_b \end{cases} \tag{8-7}$$

式中，φ_0 为药粒的堆积空隙率，$\varphi_a = \varphi_0 + 0.151\,3$。

（3）固相音速

$$a = \begin{cases} a_1\dfrac{\varphi_0}{\varphi}, & \varphi \leqslant \varphi_0 \\[2mm] a_1\exp\left[-k(\varphi-\varphi_0)\right], & \varphi_0 < \varphi < \varphi_a \\[2mm] 0, & \varphi \geqslant \varphi_a \end{cases} \tag{8-8}$$

（4）相间阻力（Anderson 公式）

$$\frac{f_g}{\dfrac{1-\varphi}{d}|U_g-U_p|(U_g-U_p)\hat\rho_g} = \begin{cases} 1.75, & \varphi \leqslant \varphi_0 \\[2mm] 1.75\left[\dfrac{1-\varphi}{1-\varphi_0}\cdot\dfrac{\varphi}{\varphi_0}\right]^{0.45}, & \varphi_0 < \varphi \leqslant \varphi_1 \\[2mm] 0.3, & \varphi_1 < \varphi \leqslant 1 \end{cases} \tag{8-9}$$

式中，$d = 6 \dfrac{M_p}{\hat{\rho}_p}$ 为药粒的有效直径；$\varphi_i = \{1 + 0.02[(1 - \varphi_0)/\varphi_0]\}^{-1}$。

（5）相间热传导

$$q = h_g(T_g - T_{pg}) \qquad (8-10)$$

式中，$h_g = h_{rc} + h_p$ 是换热系数，$h_p = 0.4 Re_p^{2/3} Pr^{1/3} k_g/d$，$Re_p = d\rho_g |U_g - U_p|/\mu$，$\mu = C_1 T_g^{3/2} / (C_2 + T_g)$，$k_g = C_3 T_g^{3/2}/(C_4 + T_g)$，$h_{rc} = C_4(T_g - T_{pg})(T_g^2 - T_{pg}^2)$，$k_g$ 为气体的导热系数，Pr 为气体的普朗特数，一般取 $Pr = 0.75$，$C_1 = 1.546 \times 10^{-6} Pa \cdot s$，$C_2 = 240.9 K$，$C_3 = 3.53 \times 10^{-3} W/(m \cdot s \cdot K)$，$C_4 = 648.42 \ K$，$C_5 = \varepsilon_p \sigma_0$，$\varepsilon_p$ 为发射药表面黑度，取 $\varepsilon_p = 1$，σ_0 为 Stephan-Boltzmann 常数，一般取 $\sigma_0 = 4.9 \times 10^{-8} \ Cal/(m^2 \cdot h)$，$U_g$ 和 U_p 分别为固相和气相速度。

（6）火药燃速方程

$$\dot{d} = \begin{cases} U_1 p^v, & 0 < e < e_1 \\ U_0 p, & e_1 \leqslant e \leqslant e_1 + \rho \end{cases} \qquad (8-11)$$

（7）火药形状函数

$$\psi = \begin{cases} \chi z(1 + \lambda z + \mu z^2), & 0 < z < 1 \\ \chi_s z(1 - \lambda_s z), & 1 \leqslant z \leqslant z_k \end{cases} \qquad (8-12)$$

（8）颗粒表面温度

$$T_{ps}(t + \Delta t) = T_{ps}(t) + \frac{2}{k_p} \frac{q}{\sqrt{\pi}} \sqrt{a_p} \left[(t + \Delta t)^{\frac{1}{2}} + t^{\frac{1}{2}} \right] \qquad (8-13)$$

式中，a_p 为发射药导温系数，k_p 为发射药导热系数。

8.2.3　控制方程组进行离散化

采用广泛应用的 MacCormack 格式对上述控制方程进行离散化，守恒方程

$$\frac{\partial U}{\partial t} + \frac{\partial}{\partial t} F(U) = H$$

的 MacCormack 格式为

$$U_j^{n+\frac{1}{2}} = U_j^n - \frac{\Delta t}{\Delta x}(F_{j+1}^n - F_j^n) + \Delta t H_j^n$$

$$U_j^{n+1} = \frac{1}{2} \left[U_j^n + U_j^{n+\frac{1}{2}} - \frac{\Delta t}{\Delta x} \left(F_j^{n+\frac{1}{2}} - F_{j-1}^{n+\frac{1}{2}} \right) + \Delta t H_j^{n+\frac{1}{2}} \right]$$

为了保证数值解的计算稳定性，根据双曲线方程的物理特性，求解过程中的时间步长的选择应满足 CFL 条件，即

$$\Delta t^n \leqslant \frac{C_0 \Delta x}{(|u_i^n| + C_0)}$$

式中，$C_0 < 1$。

8.2.4　边界层模型

火炮发射过程中高温、高速的两相流体是黏性流体，而且流体与静止的壁面之间由于存在速度和温度的显著差别，在它们之间有着一个径向速度和温度梯度都很大的薄层，通过薄层把核心流体运动状态与静止壁面联系起来，这个薄层就是边界层。边界层的作用就是把核心气

流中的热量传递给静止壁面。

高温火药气体对身管内壁的强迫对流传热取决于边界层的发展程度。事实上身管内壁面同时存在着湍流边界层、过渡边界层和层流边界层。由于气流必然由静止开始运动，又由于弹带总是紧挨壁面滑过，因此膛底和弹底的边界层厚度为零，于是在膛底及弹底附近的某个区域内应存在着层流边界层，但可以肯定在弹后的绝大部分长度上均属于旺盛湍流边界层。对于火炮内壁的传热计算目前还尚无可靠的计算方法，它的困难在于除了上述的非稳定边界层的特点之外，还有如下原因：① 火炮膛内表面除充分磨光的新滑膛管之外，通常比较粗糙，且这种粗糙程度随射击的增加越发严重，其粗糙度与管径之比 ε/d 对于小口径的火炮可能达到0.05；②壁温与中心气流温度相差几百摄氏度甚至 3 000 K 以上，雷诺数一般大于 10^5，属于温差旺盛湍流对流换热；③ 对于线膛炮，带旋转的膛线会使气流的旋转和湍流加剧。所有这些因素都促使传热的增强。

发射过程中膛内两相流的边界层流动十分复杂，所以在边界层部分计算时只考虑了气相的流动，即向壁面温度传递过程中只有气相发挥作用。又由于边界层微分方程的求解过程比较麻烦，而且连续射击时的壁温变化是一个时间累积的结果，所以计算边界层可以采用工程简化解法。

（1）有压力梯度的可压缩湍流边界层模型

由于身管在几何上具有轴向对称性，边界层很薄，所以计算时可以考虑运用平板模型代替圆柱模型，得到下面的可压缩湍流边界层流动模型。

等效的平板长度为

$$X = \frac{\sum_{i=1}^{N} p_i \Delta x}{p_N} \tag{8-14}$$

式中，Δx 为某一时刻弹底到膛底轴向网格步长；N 为某一时刻弹底到膛底网格的数目；p_i 为网格 i 处的马赫压力，即

$$p_i = M^4 \left[1 - \frac{1}{2}(k-1)M^2 \right]^{\frac{3k-1}{2(k-1)}}$$

式中，$M = \dfrac{u_g}{\sqrt{kRT_g}}$。

雷诺数 Re 为

$$Re = \frac{X \rho_g u_g}{\mu}$$

由萨瑟兰（Suthenland）定律计算得黏性系数，有

$$\nu = \frac{1.492e^{-6} T_g^{1.5}}{145.8 + T_g} \tag{8-15}$$

可压缩表面摩擦系数为

$$\frac{c_f}{c_{fl}} = [1 + (k-1)^2 M^2]^{-0.6} \tag{8-16}$$

则边界层对流换热系数为

$$h = 0.037 \frac{\mu}{X} Re^{0.8} \frac{c_f}{c_{fl}} c_p \tag{8-17}$$

（2）边界层方程的雷诺比拟理论模型

对火炮内膛进行流换热计算,假定火药气体的普朗特数近似等于 1 时,雷诺比拟就适用于膛内对流换热计算,可以把雷诺比拟式写为

$$h = \frac{c_f}{2} c_p \rho u_\infty \tag{8-18}$$

如果以火炮口径 d 为特征尺寸,则上式可以改为努塞尔数形式,即

$$Nu = \frac{c_f}{2} Re Pr \tag{8-19}$$

摩擦系数 c_f 与膛面状况有关,带有膛线或烧蚀严重的膛面与较光滑的膛面相比前者的 c_f 较大。Nordheim 根据实验测定出火炮膛内流动摩擦系数表达式,即

$$c_f = (13.2 + 4\log d)^{-2} \tag{8-20}$$

式中,d 为火炮口径,cm。

8.2.5　身管热传导模型

身管受热后,热量在身管内壁传递的过程是一个不稳定的导热过程,如图 8-2 所示。严格地说,身管壁内的热传导是二维(轴向和径向)不稳定问题,但由于火炮身管二维问题的计算量和存贮量大,同时火药气体对身管壁的热流密度 q_w 除了在弹丸所在位置有个间断点之外,始终是行程的弱函数,计算表明,身管温度沿半径方向变化比较快,其梯度一般为温度沿轴向梯度的一千倍以上,因此可以忽略热量的轴向流动。假设温度场具有轴向及角度对称性,则身管壁内热传导问题就被简化为一维不稳定导热问题,当热量沿径向传递到身管的外表面时,因管壁与环境间的温差而出现管壁与环境间的自然对流换热。

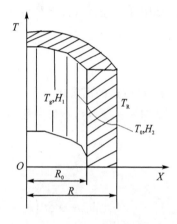

图 8-2　身管传热示意图

1. 基本假设:

（1）忽略弹丸对膛壁的摩擦及其热效应;

（2）忽略身管壁内热量的轴向传递;

（3）温度场具有轴向及角度的对称性。

2. 数学模型

（1）控制方程

$$\frac{\partial T}{\partial t} = a\left(\frac{\partial^2 T}{\partial r^2} + \frac{1}{r}\frac{\partial T}{\partial r}\right), \qquad r_0 < r < R, \qquad t > 0 \tag{8-21}$$

式中,T 为身管固壁的温度,K;t 为时间,s;r 为身管固壁某点距身管对称轴的距离,m;a 为身管固壁热扩散系数,m^2/s。

（2）定解条件

① 初始条件:

首发时:$T = T_0$,T_0 为初始环境温度。

连发时：$T=f(r)$，$f(r)$ 为已射击的弹丸引起的身管固壁中的温度径向分布。

② 边界条件

内边界条件：

$$\lambda \frac{\partial T}{\partial r}\bigg|_{r=r_0} + h_1(T_g - T)|_{r=r_0} = 0 \tag{8-22}$$

外边界条件：

$$\lambda \frac{\partial T}{\partial r}\bigg|_{r=R} + h_1(T - T_0)|_{r=R} = 0 \tag{8-23}$$

式中，λ 为身管固壁的导热系数，W/(m·K)；r_0 为身管内径，m；R 为身管外径，m；T_g 为火药气体温度，K；T_0 为环境温度，K；h_1 为膛内火药气体与身管内壁的对流换热系数，W/(m²·K)；h_2 为身管外壁与周围环境的对流换热系数，W/(m²·K)。

8.2.6 身管固壁传热的数值分析

1. 求解区域的离散

如图 8-3 所示，将半径由 r 至 R 分为 n 等分，将连续时间 t 离散，从而有

$$r_i = r_0 + i\Delta r, \quad \Delta r = \frac{R - r_0}{n}, \quad i = 0,1,2\cdots,n \tag{8-24}$$

$$t_j = j\Delta t \tag{8-25}$$

2. 内节点的离散化

如图 8-4 所示，不失一般性，轴向设为单位长度，考虑图中阴影部分的控制容积的能量守恒，可得

$$q_{(i-1)\to i} + q_{(i+1)\to i} = \Delta q \tag{8-26}$$

而

$$q_{(i-1)\to i} = \lambda \Delta\theta\left(r_i - \frac{\Delta r}{2}\right)\left[(1-\eta)\left(\frac{T_{i-1}^j - T_i^j}{\Delta r}\right) + \eta\frac{T_{i-1}^{j+1} - T_i^{j+1}}{\Delta r}\right] \tag{8-27}$$

$$q_{(i+1)\to i} = \lambda \Delta\theta\left(r_i + \frac{\Delta r}{2}\right)\left[(1-\eta)\left(\frac{T_{i+1}^j - T_i^j}{\Delta r}\right) + \eta\frac{T_{i+1}^{j+1} - T_i^{j+1}}{\Delta r}\right] \tag{8-28}$$

故

$$\Delta q = (\rho\Delta\theta r_i \Delta r c_p)\left(\frac{T_i^{m+1} - T_i^m}{\Delta t}\right) \tag{8-29}$$

则式（8-26）可写为

$$A_i T_{i-1}^{j+1} + B_i T_i^{j+1} + C_i T_{i+1}^{j+1} = D_i \tag{8-30}$$

其中

$$A_i = -\eta\lambda\left(\frac{r_i}{\Delta r} - \frac{1}{2}\right)$$

$$B_i = \frac{\Delta r}{\Delta t}\rho c_p r_i + \eta r\frac{2r_i}{\Delta r}$$

$$C_i = -\eta\lambda\left(\frac{r_i}{\Delta r} + \frac{1}{2}\right)$$

$$D_i = (1-\eta)\left[\lambda\left(\frac{r_i}{\Delta r} - \frac{1}{2}\right)(T_{i-1}^j - T_i^j) + \lambda\left(\frac{r_i}{\Delta r} + \frac{1}{2}\right)(T_{i+1}^j - T_i^j)\right] + \frac{\Delta r T_i^j}{\Delta t}\rho c_p r_i$$

$$i = 1, 2, \cdots, n-1$$

式中，η 为第 $(j+1)$ 层传入控制容积的热量所占的比例；ρ 为身管材料的密度，kg/m^3；c_p 为身管材料的比热容，$J/(kg \cdot K)$。

若令 $\eta=0$，可得到显式差分格式，显式的差分格式稳定性条件为 $\Delta t \leqslant \Delta r^2/(2a)$；令 $\eta=1$，可得到全隐式差分格式，是无条件稳定的；令 $\eta=1/2$，可得到 Crank - Nicolson 差分格式，也是无条件稳定的。

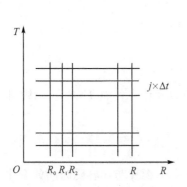

图 8 - 3　求解区域的离散

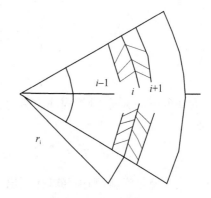

图 8 - 4　内节点的离散化

3. 边界条件的离散化

用能量平衡法，容易推得内、外节点的差分方程，其显式格式和隐式格式分别为

显式格式：

$$T_0^{m+1} = \left[1 - \frac{2a\,\Delta t}{\Delta r^2}\left(1 + \frac{h_1^j \Delta r}{\lambda}\right)\right] T_0^j + \frac{2a\,\Delta t}{\Delta r^2} T_1^j + \frac{2a\,\Delta t}{\Delta r^2}\,\frac{h_1^j \Delta r}{\lambda} T_g^j \qquad (8-31)$$

$$T_n^{m+1} = \left[1 - \frac{2a\,\Delta t}{\Delta r^2}\left(1 + \frac{h_2^j \Delta r}{\lambda}\right)\right] T_n^j + \frac{2a\,\Delta t}{\Delta r^2} T_{n-1}^j + \frac{2a\,\Delta t}{\Delta r^2}\,\frac{h_1^j \Delta r}{\lambda} T_0^j \qquad (8-32)$$

隐式格式：

$$\begin{cases} A_0 T_0^{j+1} + B_0 T_1^{j+1} = D_0 \\ A_n T_{n-1}^{j+1} + B_n T_n^{j+1} = D_n \end{cases} \qquad (8-33)$$

式中

$$A_0 = 1 + \frac{2a\,\Delta t}{\Delta r^2}\left(1 + \frac{h_1^{j+1} \Delta r}{\lambda}\right)$$

$$B_0 = -\frac{2a\,\Delta t}{\Delta r^2}$$

$$D_0 = T_0^j + \frac{2a}{\Delta r^2}\,\frac{h_1^{j+1} \Delta r}{\lambda} T_g^{j+1}$$

$$A_n = -\frac{2a\,\Delta t}{\Delta r^2}$$

$$B_n = 1 + \frac{2a\,\Delta t}{\Delta r^2}\left(1 + \frac{h_2^{j+1} \Delta r}{\lambda}\right)$$

$$D_n = T_n^j + \frac{2a}{\Delta r^2}\,\frac{h_2^{j+1} \Delta r}{\lambda} T_0^{j+1}$$

4. 后效期边界条件处理方法

后效期分析通常采用热力学研究方法,后效期间膛内处于非定常平衡态。对弹丸即将出膛时刻的各个参量做如下处理:

$$\begin{cases} T_1 = \dfrac{1}{l}\displaystyle\int_0^l T\,\mathrm{d}x \\[2mm] P_1 = \dfrac{1}{l}\displaystyle\int_0^l P\,\mathrm{d}x \\[2mm] \alpha_1 = \dfrac{1}{l}\displaystyle\int_0^l \alpha\,\mathrm{d}x \\[2mm] u_1 = \dfrac{1}{l}\displaystyle\int_0^l u\,\mathrm{d}x \end{cases} \tag{8-34}$$

假定后效期的任一瞬间,身管内部的温度、压力以及比容各为 T、P 与 α,则可采用以下相对量表示,即

$$\bar{T} = \frac{T}{T_1}, \quad \bar{P} = \frac{P}{P_1}, \quad \bar{\alpha} = \frac{\alpha}{\alpha_1}$$

若考虑燃气为绝热流动,则火药气体流出过程压力、温度与比容随时间的变化关系为

$$\bar{P} = \frac{1}{(1+B't)^{\frac{2k}{k-1}}} \tag{8-35}$$

式中,$B' = \dfrac{k-1}{2} \cdot \dfrac{G_1}{\alpha}$,$G_1$ 为火药燃气开始流出瞬间的秒流量。从而有

$$\bar{\alpha} = (1+B't)^{\frac{2}{k-1}} \tag{8-36}$$

$$\bar{T} = \frac{1}{(1+B't)^2} \tag{8-37}$$

由式(8-34)可以得到后效期的时间,即

$$t = \frac{1}{B'}\left(\bar{P}^{\frac{1-k}{2k}} - 1\right) \tag{8-38}$$

有临界压力条件,当火药燃气从身管流出时,外界压力为 1 个标准大气压,相应的临界压力为 1.794 个标准大气压,则

$$t = \frac{1}{B'}\left[\left(\frac{1.794}{P_1}\right)^{\frac{1-k}{2k}} - 1\right] \tag{8-39}$$

$$T = T_1 \frac{1}{(1+B't)^2} \tag{8-40}$$

$$\alpha = \alpha_1(1+B't)^{\frac{2}{k-1}} \tag{8-41}$$

后效期燃气的各个参量可以采用线性方法处理,后效期结束之后的气流速度为零,即

$$u_g = u_1 - \frac{u_1 \cdot t'}{t} \tag{8-42}$$

$$T_g = T_1 - \frac{(T_1 - T) \cdot t'}{t} \tag{8-43}$$

$$P_g = P_1 - \frac{(P_1 - P) \cdot t'}{t} \tag{8-44}$$

$$\alpha_{g} = \alpha_1 - \frac{(\alpha_1 - \alpha) \cdot t'}{t} \tag{8-45}$$

后效期边界层中的换热系数也可按照火炮发射时期的处理方法处理。从后效期结束直到后一发炮弹装填击发可以作以下简化，采用外界气体流入身管和药室内部，腔内温度瞬间达到环境温度，速度为环境的气流速度，密度为此时环境空气密度，内边界处理按照自然对流时处理，即内外壁采用同样的对流换热系数。

例如，对某 155 mm 大口径火炮发射过程进行身管热分析，假设身管为圆筒，内径 $\phi=170$ mm，外径 $\phi=330$ mm，$\lambda=54.5$ W/(m·K)，$c_p=540$ W/(kg·K)，$\rho=7\,800$ kg/m³，射速：5 发/min，身管内壁温度变化如图 8-5～图 8-11 所示。

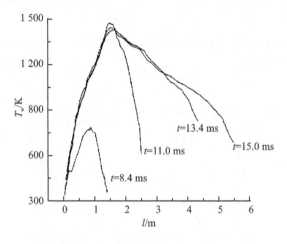

图 8-5　膛内壁温随位置变化曲线

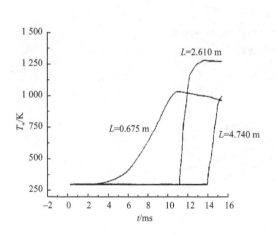

图 8-6　膛内壁温随时间变化曲线

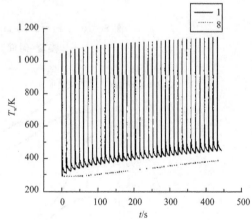

图 8-7　$\Delta r_1=0$，$\Delta r_8=80$ mm 处的温度-时间变化曲线

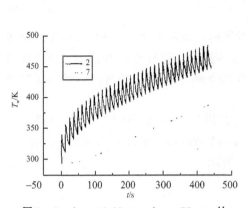

图 8 - 8 $\Delta r_2 = 6.25\ \mathrm{mm},\Delta r_7 = 75\ \mathrm{mm}$ 的
温度-时间变化曲线

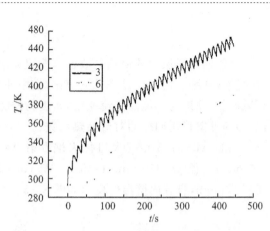

图 8 - 9 $\Delta r_3 = 12.5\ \mathrm{mm},\Delta r_6 = 68.75\ \mathrm{mm}$ 的
温度-时间变化曲线

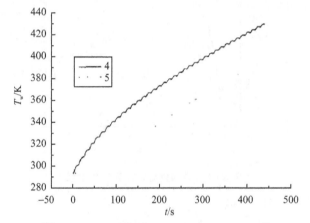

图 8 - 10 $\Delta r_4 = 25.0\ \mathrm{mm},\Delta r_5 = 56.25\ \mathrm{mm}$ 的
温度-时间变化曲线

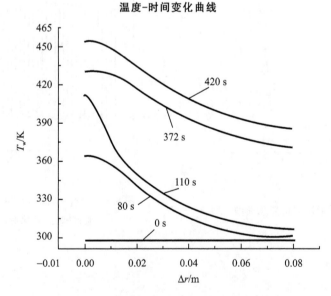

图 8 - 11   不同时刻身管径向温度-位置变化曲线

随着射击发数的增加,热量在药室壁内的积累,不同位置上的各个节点温度都呈现逐渐升高的趋势,但是各节点的位置不同,使得温度的变化呈现不同的特征。图 8-7～图 8-10 分别列出了包括内外壁面在内的 8 个空间节点上的温度-连续射击时间的曲线,表 8-1 给出了身管径向不同位置在具体时间和射弹数情况下的最高温度和最低温度,可以较直观看出:

(1)内壁面及距离内壁较近的节点上,温度随射击循环呈现波动特征,反映射击过程中的瞬态强热流输入与连续的热量扩散轮流成为影响该处热传导过程的主要矛盾。温度波动的幅度随着距离的增加、热流影响强度的减弱而迅速衰减。

(2)外壁以及远离内壁的节点上,节点受壁面热流的影响较小,自身的热容又较大,温度呈现稳定上升的变化趋势。随着远离药室中心,温度的上升梯度变小。图 8-11 给出了不同时刻壁面径向不同位置的温度分布,由图可以看到随着发射时间的延长,身管各个位置的温度都有所上升,但是起初的时间段内靠近内壁的节点上升较快,随着射击发数的增加,内外壁之间的温差逐渐降低,这是因为热量在经过一定的时间段之后由内壁面开始向外传热的缘故。

表 8-1　身管径向不同位置的温度分布

时间/s	弹序/发	温度特征/K	Δr / mm							
			0	6.25	12.5	25.0	56.25	68.75	75.0	80.0
12	1	最高温度	1 039.9	338.6	311.8	300.3	293.1	293.0	293.0	293.0
		最低温度	311.3	310.8	308.1	293.0	293.0	293.0	293.0	293.0
60	5	最高温度	1 071.1	382.5	349.8	326.2	300.7	297.4	296.6	296.3
		最低温度	345.8	345.2	341.0	320.8	298.1	295.6	295.0	294.7
120	10	最高温度	1 088.2	407.4	374.4	348.0	316.0	310.8	309.5	308.9
		最低温度	368.8	368.5	364.1	344.2	312.9	307.8	306.5	304.0
180	15	最高温度	1 100.0	425.0	392.3	365.8	332.4	326.5	324.9	324.1
		最低温度	385.8	385.8	381.7	362.3	329.1	323.3	321.8	321.0

附　录

附录1　常用单位换算表

物理量名称	符号	换算系数		
		我国法定计量单位	工程单位	
压力	p	Pa	atm	
		1	$9.869\,23\times10^{-6}$	
		$1.013\,25\times10^5$	1	
运动黏度	ν	m^2/s	m^2/s	
		1	1	
		0.092 903	0.092 903	
动力黏度	η	Pa·s	$kgf\cdot s/m^2$	
		1	0.010 197 2	
		9.806 65	1	
比热容	c	$kJ/(kg\cdot K)$	$kcal(kgf\cdot ℃)$	
		1	0.238 846	
		4.186 8	1	
热流密度	q	W/m^2	$kcal/(m^2\cdot h)$	
		1	0.859 845	
		1.163	1	
导热系数	λ	$W/(m\cdot K)$	$kcal/(m\cdot h\cdot ℃)$	
		1	0.859 845	
		1.163	1	
表面传热系数 传热系数	h k	$W/(m^2\cdot K)$	$kcal/(m^2\cdot h\cdot ℃)$	
		1	0.859 845	
		1.163	1	
功率 热流量	P Φ	W	kcal/h	$kgf\cdot m/s$
		1	0.859 845	0.101 972
		1.163	1	0.118 583
		9.806 65	8.433 719	1

附录 2　金属材料的密度、比热容和导热系数

材料名称	密度 ρ/(kg·m⁻³)	比热容 c_p/(J·kg⁻¹·K⁻¹)	导热系数 λ/(W·m⁻¹·K⁻¹)	导热系数 λ/(W·m⁻¹·K⁻¹)　温度/℃									
				−100	0	100	200	300	400	600	800	1 000	1 200
纯铝	2 710	902	236	243	236	240	238	234	228	215			
杜拉铝(96Al−4Cu,微量 Mg)	2 790	881	169	124	160	188	188	193					
铝合金(92Al−8Mg)	2 610	904	107	86	102	123	148						
铝合金(87Al−13Si)	2 660	871	162	139	158	173	176	180					
铍	1 850	1 758	219	382	218	170	145	129	118				
纯铜	8 930	386	398	421	401	393	389	384	379	366	352		
铝青铜(90Cu−10Al)	8 360	420	56		49	57	66						
青铜(89Cu−11Sn)	8 800	343	24.8		24	28.4	33.2						
黄铜(70Cu−30Cn)	8 440	377	109	90	106	131	143	145	148				
铜合金(60Cu−40Ni)	8 920	410	22.2	19	22.2	23.4							
黄金	19 300	127	315	331	318	313	310	305	300	287			
纯铁	7 870	455	81.8	96.7	83.5	72.1	63.5	56.5	50.3	39.4	29.6	29.4	31.6
阿姆口铁	7 860	455	73.2	82.9	74.7	67.5	61.0	54.8	49.9	38.6	29.3	29.3	31.1
灰铸铁($\omega_c \approx 3\%$)	7 570	470	39.2		28.5	32.4	35.8	37.2	36.6	20.8	19.2		
碳钢($\omega_c \approx 0.5\%$)	7 840	465	49.8		50.5	47.5	44.8	42.0	39.4	34.0	29.0		
碳钢($\omega_c \approx 1.0\%$)	7 790	470	43.2		43.0	42.8	42.2	41.5	40.6	36.7	32.2		

续表

材料名称	密度 ρ/(kg·m^{-3})	比热容 c_p/(J·kg^{-1}·K^{-1})	导热系数 λ/(W·m^{-1}·K^{-1})	导热系数 λ/(W·m^{-1}·K^{-1}) 温度/℃									
				-100	0	100	200	300	400	600	800	1 000	1 200
碳钢($\omega_C \approx 1.5\%$)	7 750	470	36.7		36.8	36.6	36.2	35.7	34.7	31.7	27.8		
铬钢($\omega_{Cr} \approx 5\%$)	7 830	460	36.1		36.3	35.2	34.7	33.5	31.4	28.0	27.2	27.2	27.2
铬钢($\omega_{Cr} \approx 13\%$)	7 740	460	26.8		26.5	27.0	27.0	27.0	27.6	28.4	29.0	29.0	
铬钢($\omega_{Cr} \approx 17\%$)	7 710	460	22		22	22.2	22.6	22.6	23.3	24.0	24.8	25.5	
铬钢($\omega_{Cr} \approx 26\%$)	7 650	460	22.6		22.6	23.8	25.5	27.2	28.5	31.8	35.1	38	
铬镍钢(18 – 20Cr/8 – 12Ni)	7 820	460	15.2	12.2	14.7	16.6	18.0	19.4	20.8	23.5	26.3		
铬镍钢(17 – 19Cr/9 – 12Ni)	7 830	460	14.7	11.8	14.3	16.1	17.5	18.8	20.2	22.8	25.5	28.2	30.9
镍钢($\omega_{Ni} \approx 1\%$)	7 900	460	45.5	40.8	45.2	46.8	46.1	44.1	41.2	35.7			
镍钢($\omega_{Ni} \approx 3.5\%$)	7 910	460	36.5	30.7	36.0	38.8	39.7	39.2	37.8				
镍钢($\omega_{Ni} \approx 25\%$)	8 030	460	13.0										
镍钢($\omega_{Ni} \approx 35\%$)	8 110	460	13.8	10.9	13.4	15.4	17.1	18.6	20.1	23.1			
镍钢($\omega_{Ni} \approx 44\%$)	8 190	460	15.8		15.7	16.1	16.5	16.9	17.1	17.8	18.4		
镍钢($\omega_{Ni} \approx 50\%$)	8 260	460	19.6	17.3	19.4	20.5	21.0	21.1	21.3	22.5			
锰钢($\omega_{Mn} \approx 12\% \sim 13\%$, $\omega_N \approx 3\%$)	7 800	487	13.6			14.8	16.0	17.1	18.3				
锰钢($\omega_{Mn} \approx 0.4\%$)	7 860	440	51.2			51.0	50.0	47.0	43.5	35.5	27		
钨钢($\omega_W \approx 5\% \sim 6\%$)	8 070	436	18.7		18.4	19.7	21.0	22.3	23.6	24.9	26.3		

续表

材料名称	密度 ρ/(kg·m⁻³)	比热容 c_p/(J·kg⁻¹·K⁻¹)	导热系数 λ/(W·m⁻¹·K⁻¹)	导热系数 λ/(W·m⁻¹·K⁻¹) 温度/°C									
				−100	0	100	200	300	400	600	800	1 000	1 200
铅	11 340	128	35.3	37.2	35.5	34.3	32.8	31.5					
镁	1 730	1 020	156	160	157	154	152	150					
铝	9 590	255	138	146	139	135	131	127	123	116	109	103	93.7
镍	8 900	444	91.4	144	94	82.8	74.2	67.3	64.6	69.0	73.3	77.6	81.9
钼	21 450	133	71.4	73.3	71.5	71.6	72.0	72.8	73.6	76.6	80.0	84.2	88.9
银	10 500	234	427	431	428	422	415	407	399	384			
锡	7 310	228	67	75	68.2	63.2	60.9						
钛	4 500	520	22	23.3	22.4	20.7	19.9	19.5	19.4	19.9			
钽	19 070	116	27.4	24.3	27	29.1	31.1	33.4	35.7	40.6	45.6		
锌	7 140	388	121	123	122	117	112						
锆	6 570	276	22.9	26.5	23.2	21.8	21.2	20.9	21.4	22.3	24.5	26.4	28.0
钨	19 350	134	179	204	182	166	153	142	134	125	119	114	110

附录3 保温、建筑及其他材料的密度和导热系数

材料名称	温度 $t/℃$	密度 $\rho/(\mathrm{kg \cdot m^{-3}})$	导热系数 $\lambda/(\mathrm{W \cdot m^{-1} \cdot K^{-1}})$
膨胀珍珠岩散料	25	60～300	0.021～0.062
沥青膨胀珍珠岩	31	233～282	0.069～0.076
磷酸盐膨胀珍珠岩制品	20	200～250	0.044～0.052
水玻璃膨胀珍珠岩制品	20	200～300	0.056～0.065
岩棉制品	20	80～150	0.035～0.038
膨胀蛭石	20	100～130	0.051～0.07
沥青蛭石板管	20	350～400	0.081～0.10
石棉粉	22	744～1 400	0.099～0.19
石棉砖	21	384	0.099
石棉绳		590～730	0.10～0.21
石棉绒		35～230	0.055～0.077
石棉板	30	770～1 045	0.10～0.14
碳酸镁石棉灰		240～490	0.077～0.086
硅藻土石棉灰		280～380	0.085～0.11
粉煤灰砖	27	458～589	0.12～0.22
矿渣棉	30	207	0.058
玻璃丝	35	120～492	0.058～0.07
玻璃棉毡	28	18.4～38.3	0.043
软木板	20	105～437	0.044～0.079
木丝纤维板	25	245	0.048
稻草浆板	20	325～365	0.068～0.084
麻秆板	25	108～147	0.056～0.11
甘蔗板	20	282	0.067～0.072
葵芯板	20	95.5	0.05
玉米梗板	22	25.2	0.065
棉花	20	117	0.049
丝	20	57.7	0.036
锯木屑	20	179	0.083
硬泡沫塑料	30	29.5～56.3	0.041～0.048
软泡沫塑料	30	41～162	0.043～0.056
铝箔间隔层(5层)	21	—	0.042

材料名称	温度 $t/℃$	密度 $\rho/(kg \cdot m^{-3})$	导热系数 $\lambda/(W \cdot m^{-1} \cdot K^{-1})$
红砖(营造状态)	25	1 860	0.87
红砖	35	1 560	0.49
松木(垂直木纹)	15	496	0.15
松木(平行木纹)	21	527	0.35
水泥	30	1 900	0.30
混凝土板	35	1 930	0.79
耐酸混凝土板	30	2 250	1.5~1.6
黄沙	30	1 580~1 700	0.28~0.34
泥土	20		0.83
瓷砖	37	2 090	1.1
玻璃	45	2 500	0.65~0.71
聚苯乙烯	30	24.7~37.8	0.04~0.043
花岗石		2 643	1.73~3.98
大理石		2 499~2 707	2.70
云母		290	0.58
水垢	65		1.31~3.14
冰	0	913	2.22
黏土	27	1 460	1.3

附录4　几种保温、耐火材料的导热系数与温度的关系

材料名称	材料最高允许温度/℃	密度 $\rho/(kg \cdot m^{-3})$	导热系数 $\lambda/(W \cdot m^{-1} \cdot K^{-1})$
超细玻璃棉毡、板	400	18~20	$0.033 + 0.000\,23\{t\}_℃$
矿渣棉	550~600	350	$0.067\,4 + 0.000\,215\{t\}_℃$
水泥蛭石制品	800	400~450	$0.103 + 0.000\,198\{t\}_℃$
水泥珍珠岩制品	600	300~400	$0.061\,5 + 0.000\,105\{t\}_℃$
粉煤灰泡沫砖	300	500	$0.099 + 0.000\,2\{t\}_℃$
岩煤玻璃布缝板	600	100	$0.031\,4 + 0.000\,198\{t\}_℃$
A级硅藻土制品	900	500	$0.039\,5 + 0.000\,19\{t\}_℃$
B级硅藻土制品	900	550	$0.047\,7 + 0.000\,2\{t\}_℃$
膨胀珍珠岩	1 000	55	$0.042\,4 + 0.000\,137\{t\}_℃$
微孔硅酸钙制品	650	不大于250	$0.041 + 0.000\,2\{t\}_℃$
耐火黏土砖	1 350~1 450	1 800~2 040	$(0.7~0.84) + 0.000\,58\{t\}_℃$

材料名称	材料最高允许温度/℃	密度 ρ/(kg·m^{-3})	导热系数 λ/(W·m^{-1}·K^{-1})
轻质耐火黏土砖	1 250~1 300	800~1 300	$(0.29\sim0.41)+0.000\ 26\{t\}_{℃}$
超轻质耐火黏土砖	1 150~1 300	540~610	$0.093+0.000\ 16\{t\}_{℃}$
超轻质耐火黏土砖	1 100	270~330	$0.058+0.000\ 17\{t\}_{℃}$
硅砖	1 700	1 900~1 950	$0.93+0.000\ 7\{t\}_{℃}$
镁砖	1 600~1 700	2 300~2 600	$2.1+0.000\ 19\{t\}_{℃}$
铬砖	1 600~1 700	2 600~2 800	$4.7+0.000\ 17\{t\}_{℃}$

附录5 大气压力($P=1.013\ 25\times10^5$ Pa)下干空气的热物理性质

t/℃	ρ/ (kg·m^{-3})	c_p/(kJ· kg^{-1}·K^{-1})	$\lambda\times10^2$/(kJ· kg^{-1}·K^{-1})	$a\times10^6$/ (m^2·s^{-1})	$\mu\times10^6$/ (Pa·s)	$\nu\times10^6$/ (m^2·s^{-1})	Pr
−50	1.584	1.103	2.04	12.7	14.6	9.23	0.728
−40	1.515	1.103	2.12	13.8	15.2	10.04	0.728
−30	1.453	1.103	2.20	14.9	15.7	10.80	0.723
−20	1.395	1.009	2.28	16.2	16.2	11.61	0.716
−10	1.342	1.009	2.36	17.4	16.7	12.43	0.712
0	1.293	1.005	2.44	18.8	17.2	13.28	0.707
10	1.247	1.005	2.51	20.0	17.6	14.16	0.705
20	1.205	1.005	2.59	21.4	18.1	15.06	0.703
30	1.165	1.005	2.67	22.9	18.6	16.00	0.701
40	1.128	1.005	2.76	24.3	19.1	16.96	0.699
50	1.093	1.005	2.83	25.7	19.6	17.95	0.698
60	1.060	1.005	2.90	27.2	20.1	18.97	0.696
70	1.029	1.009	2.96	28.6	20.6	20.02	0.694
80	1.000	1,009	3.05	30.2	21.1	21.09	0.692
90	0.972	1.009	3.13	31.9	21.5	22.10	0.690
100	0.946	1.009	3.21	33.6	21.9	23.13	0.688
120	0.898	1.009	3.34	36.8	22.8	25.45	0.686
140	0.854	1.013	3.49	40.3	23.7	27.80	0.684
160	0.815	1.017	3.64	43.9	24.5	30.09	0.682
180	0.779	1.022	3.78	47.5	25.3	32.49	0.681
200	0.746	1.026	3.93	51.4	26.0	34.85	0.680
250	0.674	1.038	4.27	61.0	27.4	40.61	0.677

$t/℃$	$\rho/$ (kg·m^{-3})	$c_p/$(kJ· kg^{-1}·K^{-1})	$\lambda \times 10^2/$(kJ· kg^{-1}·K^{-1})	$a \times 10^6/$ (m^2·s^{-1})	$\mu \times 10^6/$ (Pa·s)	$\nu \times 10^6/$ (m^2·s^{-1})	Pr
300	0.615	1.047	4.60	71.6	29.7	48.33	0.674
350	0.566	1.059	4.91	81.9	31.4	55.46	0.676
400	0.524	1.068	5.21	93.1	33.0	63.09	0.678
500	0.456	1.093	5.74	115.3	36.2	79.38	0.687
600	0.404	1.114	6.22	138.3	39.1	96.89	0.699
700	0.362	1.135	6.71	163.4	41.8	115.4	0.706
800	0.329	1.156	7.18	188.8	44.3	134.8	0.713
900	0.301	1.172	7.63	216.2	46.7	155.1	0.717
1 000	0.277	1.185	8.07	245.9	49.0	177.1	0.719
1 100	0.257	1.197	8.50	276.2	51.2	199.3	0.722
1 200	0.239	1.210	9.15	316.5	53.5	233.7	0.724

附录6　大气压力($P=1.0132\,5×10^5$ Pa)下标准烟气的热物理性质

烟气中组成成分的质量分数：$w_{CO_2}=0.13$，$w_{H_2O}=0.11$；$w_{N_2}=0.76$

$t/℃$	$\rho/$ (kg·m^{-3})	$c_p/$(kJ· kg^{-1}·K^{-1})	$\lambda \times 10^2/$ (w·m^{-1}·k^{-1})	$a \times 10^6/$ (m^2·s^{-1})	$\mu \times 10^6/$ (Pa·s)	$\nu \times 10^6/$ (m^2·s^{-1})	Pr
0	1.295	1.042	2.28	16.9	15.8	12.20	0.72
100	0.950	1.068	3.13	30.8	20.4	21.54	0.69
200	0.748	1.097	4.01	48.9	24.5	32.80	0.67
300	0.617	1.122	4.84	69.9	28.2	45.81	0.65
400	0.525	1.151	5.70	94.3	31.7	60.38	0.64
500	0.457	1.185	6.56	121.1	34.8	76.30	0.63
600	0.405	1.214	7.42	150.9	37.9	93.61	0.62
700	0.363	1.239	8.27	183.8	40.7	112.1	0.61
800	0.330	1.264	9.15	219.7	43.4	131.8	0.60
900	0.301	1.290	10.00	258.0	45.9	152.5	0.59
1 000	0.275	1.306	10.90	303.4	48.4	174.3	0.58
1 100	0.257	1.323	11.75	345.5	50.7	197.1	0.57
1 200	0.240	1.340	12.62	392.4	53.0	221.0	0.56

附录 7 大气压力($P=1.013\ 25\times10^5\ \text{Pa}$)下过热水蒸气的热物理性质

$t/℃$	$\rho/$ (kg·m^{-3})	$c_p/$(kJ· kg^{-1}·K^{-1})	$\mu\times10^5/$ (Pa·s)	$\nu\times10^5/$ (m^2·s^{-1})	$\lambda/$ (W·m^{-1}·K^{-1})	$a\times10^6/$ (m^2·s^{-1})	Pr
380	0.586 3	2.060	1.271	2.16	0.024 6	2.036	1.060
400	0.554 2	2.014	1.344	2.42	0.026 1	2.338	1.040
450	0.490 2	1.980	1.525	3.11	0.029 9	3.07	1.010
500	0.440 5	1.985	1.704	3.86	0.039 9	3.87	0.996
550	0.400 5	1.997	1.884	4.70	0.037 9	4.75	0.991
600	0.385 2	2.026	2.067	5.66	0.042 2	5.73	0.986
650	0.338 0	2.056	2.247	6.64	0.046 4	6.66	0.995
700	0.314 0	2.085	2.426	7.72	0.050 5	7.72	1.000
750	0.293 1	2.119	2.604	8.88	0.054 9	8.33	1.005
800	0.273 0	2.152	2.786	10.20	0.059 2	10.01	1.010
850	0.257 9	2.186	2.969	11.52	0.063 7	11.30	1.019

附录 8 大气压力($P=1.013\ 25\times10^5\ \text{Pa}$)下二氧化碳、氢气、氧气的热物理性质

二氧化碳气体　沸点 195 K							
T/K	$\rho/$ (kg·m^{-3})	$c_p/$(kJ· kg^{-1}·K^{-1})	$\lambda/$(W· m^{-1}·K^{-1})	$a\times10^8/$ (m^2·s^{-1})	$\nu\times10^6/$ (m^2·s^{-1})	$\mu\times10^4/$ (Pa·s)	Pr
250	2.15	0.782	0.014 35	853.5	5.97	12.8	0.70
300	1.788	0.844	0.018 10	1 199.4	8.50	15.2	0.71
400	1.341	0.937	0.025 9	2 061.2	14.6	19.6	0.71
500	1.073	1.011	0.033 3	3 069.6	21.9	23.5	0.71
600	0.894	1.074	0.040 7	5.381	30.0	27.1	0.71
800	0.671	1.168	0.054 4	4 238.8	49.8	33.4	0.72
1 000	0.537	1.232	0.065 5	10 051.0	72.3	38.8	0.72
1 500	0.358	1.329	0.094 5	19 862.0	143.8	51.5	0.72
2 000	0.268	1.371	0.117 6	32 000.6	231.0	61.9	0.72

	氢气　沸点20.3 K						
T/K	$\rho/$ $(kg \cdot m^{-3})$	$c_p/(kJ \cdot$ $kg^{-1} \cdot K^{-1})$	$\lambda/(W \cdot$ $m^{-1} \cdot K^{-1})$	$a \times 10^8/$ $(m^2 \cdot s^{-1})$	$\nu \times 10^6/$ $(m^2 \cdot s^{-1})$	$\mu \times 10^4/$ $(Pa \cdot s)$	Pr
20	1.219	10.4	0.015 8	1.246	0.893	1.08	0.72
40	0.607 4	10.3	0.030 2	4.827	3.38	2.06	0.70
60	0.406 2	10.66	0.045 1	10.415	7.06	2.87	0.68
80	0.304 7	11.79	0.062 1	17.37	11.7	3.57	0.68
100	0.243 7	13.32	0.080 5	24.80	17.3	4.21	0.70
150	0.162 5	16.17	0.125	47.57	34.4	5.60	0.73
200	0.121 9	15.91	0.158	81.47	55.8	6.81	0.68
250	0.097 5	15.25	0.181	121.7	81.1	7.91	0.67
300	0.081 2	14.78	0.198	165.0	109.9	8.93	0.67
400	0.060 9	14.40	0.227	258.8	177.6	10.9	0.69
500	0.048 7	14.35	0.259	370.6	258.1	12.6	0.70
600	0.040 6	14.40	0.299	511.4	350.9	14.3	0.69
800	0.030 5	14.53	0.385	868.8	572.5	17.4	0.66
1 000	0.024 4	14.76	0.423	1 175.0	841.2	20.5	0.72
1 500	0.016 4	16.00	0.587	2 237.0	1 560	25.6	0.70
2 000	0.012 3	17.05	0.751	3 581.0	2 510	30.9	0.70
	氧气　沸点90.2 K						
T/K	$\rho/$ $(kg \cdot m^{-3})$	$c_p/(kJ \cdot$ $kg^{-1} \cdot K^{-1})$	$\lambda/(W \cdot$ $m^{-1} \cdot K^{-1})$	$a \times 10^8/$ $(m^2 \cdot s^{-1})$	$\nu \times 10^6/$ $(m^2 \cdot s^{-1})$	$\mu \times 10^4/$ $(Pa \cdot s)$	Pr
150	2.60	0.890	0.014 8	6.369	4.39	11.4	0.69
200	1.949	0.900	0.019 2	10.95	7.55	14.7	0.69
250	1.559	0.910	0.023 4	16.49	11.4	17.8	0.69
300	1.299	0.920	0.027 4	22.93	15.8	20.6	0.69
400	0.975	0.945	0.034 8	24.80	26.1	25.4	0.69
500	0.780	0.970	0.042	37.77	38.3	29.9	0.69
600	0.650	1.000	0.049	75.38	52.5	33.9	0.69
800	0.487	1.050	0.062	121.2	84.5	41.1	0.70
1 000	0.390	1.085	0.074	174.9	122.0	47.6	0.70
1 500	0.260	1.140	0.101	340.8	239	62.1	0.70
2 000	0.195	1.180	0.126	547.6	384	74.9	0.70

附录 9 饱和水的热物理性质

$t/℃$	$p \times 10^{-5}/$ Pa	$\rho/$ (kg·m⁻³)	$h'/$ (kJ·kg⁻¹)	$c_p/$(kJ·kg⁻¹·K⁻¹)	$\lambda \times 10^2/$(W·m⁻¹·K⁻¹)	$a \times 10^8/$ (m²·s⁻¹)	$\mu \times 10^6/$ (Pa·s)	$\nu \times 10^6/$ (m²·s⁻¹)	$a_v \times 10^4/$ K⁻¹	$\gamma \times 10^4/$ (N·m⁻¹)	Pr
0	0.006 11	999.9	0	4..212	55.1	13.1	1788	1.789	−0.81	756.4	13.67
10	0.012 27	999.7	42.04	4.191	57.4	13.7	1306	1.306	0.87	741.6	9.52
20	0.023 38	998.2	83.91	4.183	59.9	14.3	1004	1.006	2.09	726.9	7.02
30	0.042 41	995.7	125.7	4.714	61.8	14.9	801.5	0.805	3.05	722.2	5.42
40	0.073 75	992.2	167.5	4.714	63.5	15.3	653.3	0.659	3.86	696.5	4.31
50	0.123 35	988.1	209.3	4.714	64.8	15.7	549.4	0.556	4.57	676.9	3.54
60	0.199 20	983.1	251.1	4.719	65.9	16.0	469.9	0.478	5.22	662.2	2.99
70	0.311 6	977.8	293.0	4.187	66.8	16.3	406.1	0.415	5.83	643.5	2.55
80	0.473 6	971.8	355.0	4.195	67.4	16.6	355.1	0.365	6.40	625.9	2.21
90	0.701 1	965.3	377.0	4.208	68.0	16.8	314.9	0.326	6.96	607.2	1.95
100	1.013	958.4	419.1	4.220	68.3	16.9	282.5	0.295	7.50	588.6	1.75
110	1.43	951.0	461.4	4.233	68.5	17.0	259.0	0.272	8.04	569.0	1.60
120	1.98	943.1	503.7	4.250	68.6	17.1	237.4	0.252	8.58	548.4	1.47
130	2.70	934.8	546.4	4.266	68.6	17.2	217.8	0.233	9.12	528.8	1.36
140	3.61	926.1	589.1	4.287	68.5	17.2	201.1	0.217	9.68	507.2	1.26
150	4.76	917.0	632.2	4.313	68.4	17.3	186.4	0.203	10.26	486.6	1.17
160	6.18	907.0	675.4	4.346	68.3	17.3	173.6	0.191	10.87	466.0	1.10
170	7.92	897.3	719.3	4.380	67.9	17.3	162.8	0.181	11.52	443.4	1.05

续表

$t/℃$	$p×10^{-5}/$ Pa	$\rho/$ (kg·m⁻³)	$h'/$ (kJ·kg⁻¹)	$c_p/$(kJ·kg⁻¹·K⁻¹)	$\lambda×10^2/$(W·m⁻¹·K⁻¹)	$a×10^8/$ (m²·s⁻¹)	$\mu×10^6/$ (Pa·s)	$\nu×10^6/$ (m²·s⁻¹)	$a_v×10^4/$ K⁻¹	$\gamma×10^4/$ (N·m⁻¹)	Pr
180	10.03	886.9	763.3	4.417	67.4	17.2	153.0	0.173	12.21	422.8	1.00
190	12.55	876.0	807.8	4.459	67.0	17.1	144.2	0.165	12.96	400.2	0.96
200	15.55	863.0	852.8	4.505	66.3	17.0	136.4	0.158	13.77	376.7	0.93
210	19.08	852.3	897.7	4.555	65.5	16.9	130.5	0.153	14.67	354.1	0.91
220	23.20	840.3	943.7	4.614	64.5	16.6	124.6	0.148	15.67	331.6	0.89
230	27.98	827.3	990.2	4.681	63.7	16.4	119.7	0.145	16.80	310.0	0.88
240	33.48	813.6	1 037.5	4.756	62.8	16.2	114.8	0.141	18.08	285.5	0.87
250	39.78	799.0	1 085.7	4.844	61.8	15.9	109.9	0.137	19.55	261.9	0.86
260	46.94	784.0	1 135.7	4.949	60.5	15.6	105.9	0.135	21.27	237.4	0.87
270	55.05	767.9	1 185.7	5.07	59.0	15.1	102.0	0.133	23.31	214.8	0.88
280	64.19	750.7	1 236.8	5.23	57.4	14.6	98.1	0.131	25.79	191.3	0.90
290	74.45	732.3	1 290.0	5.485	55.8	13.9	94.2	0.129	28.84	168.7	0.93
300	85.92	712.5	1 344.9	5.736	54.0	13.2	91.2	0.128	32.73	144.2	0.97
310	98.70	691.1	1 402.2	6.07	52.3	12.5	88.3	0.128	37.85	120.7	1.03
320	112.90	667.1	1 462.1	6.574	50.6	11.5	85.3	0.128	44.91	98.10	1.11
330	128.65	640.2	1 526.2	7.244	48.1	10.4	81.4	0.127	55.31	76.71	1.22
340	146.08	610.1	1 594.8	8.165	45.7	9.17	77.5	0.127	72.10	56.70	1.39
350	165.37	574.4	1 671.4	9.504	43.0	7.88	72.6	0.126	103.7	38.16	1.60
360	186.74	528.0	1 761.5	13.984	39.5	5.36	66.7	0.126	182.9	20.21	2.35
370	210.53	450.5	1 892.5	40.321	33.7	1.86	56.9	0.126	676.7	4.709	6.79

附录 10 干饱和水蒸气的热物理性质

$t/℃$	$p \times 10^{-5}/$ Pa	$\rho/$ (kg·m^{-3})	$h''/$ (kJ·kg^{-1})	$r/$ (kJ·kg^{-1})	$c_p/$(kJ· kg^{-1}·K^{-1})	$\lambda \times 10^2/$(W· m^{-1}·K^{-1})	$a \times 10^3/$ (m^2·s^{-1})	$\mu \times 10^6/$ (Pa·s)	$\nu \times 10^6/$ (m^2·s^{-1})	Pr
0	0.006 11	0.004 847	2 501.6	2 501.6	1.854 3	1.83	7 313.0	8.022	1 655.01	0.815
10	0.012 27	0.009 396	2 520.0	2 477.7	1.859 4	1.88	3 881.3	8.424	896.54	0.831
20	0.023 38	0.017 29	2 538.0	2 454.3	1.866 1	1.94	2 167.2	8.84	509.90	0.847
30	0.042 41	0.030 37	2 556.5	2 430.9	1.874 4	2.00	1 265.1	9.218	333.53	0.863
40	0.073 75	0.051 16	2 547.5	2 407.0	1.885 3	2.06	768.45	9.620	188.04	0.883
50	0.123 35	0.083 02	2 592.0	2 382.7	1.898 7	2.12	483.59	10.022	120.72	0.896
60	0.199 20	0.130 2	2 609.6	2 358.4	1.915 5	2.19	315.55	10.424	80.07	0.913
70	0.311 6	0.198 2	2 626.8	2 334.1	1.936 4	2.25	210.57	10.817	54.57	0.930
80	0.473 6	0.293 3	2 643.5	2 309.0	1.961 5	2.33	145.53	11.219	38.25	0.947
90	0.701 1	0.423 5	2 660.3	2 283.1	1.992 1	2.40	102.22	11.621	27.44	0.966
100	1.013 0	0.597 7	2 676.2	2 257.1	2.028 1	2.48	73.57	12.023	20.12	0.984
110	1.432 7	0.826 5	2 691.3	2 229.9	2.070 4	2.56	53.83	12.425	15.03	1.00
120	1.985 4	1.122	2 705.9	2 203.3	2.118 9	2.65	40.15	12.798	11.41	1.02
130	2.701 3	1.497	2 719.7	2 273.8	2.176 3	2.76	30.46	13.170	8.80	1.04
140	3.614	1.967	2 733.1	2 144.1	2.240 8	2.85	23.28	13.543	6.89	1.06
150	4.760	2.548	2 745.3	2 113.1	2.314 5	2.97	18.10	13.896	5.45	1.08
160	6.181	3.260	2 756.6	2 081.3	2.397 4	3.08	14.20	14.249	4.37	1.11
170	7.920	4.123	2 767.1	2 047.8	2.491 1	3.21	11.25	14.612	3.54	1.13

续表

$t/\text{℃}$	$p\times10^{-5}/$ Pa	$\rho/$ (kg·m⁻³)	$h''/$ (kJ·kg⁻¹)	$r/$ (kJ·kg⁻¹)	$c_p/$(kJ· kg⁻¹·K⁻¹)	$\lambda\times10^2/$(W· m⁻¹·K⁻¹)	$a\times10^3/$ (m²·s⁻¹)	$\mu\times10^6/$ (Pa·s)	$\nu\times10^6/$ (m²·s⁻¹)	Pr
180	10.027	5.160	2 776.3	2 013.0	2.595 8	3.36	9.03	14.965	2.90	1.15
190	12.551	6.397	2 784.2	1 976.6	2.712 6	3.51	7.29	15.298	2.39	1.18
200	15.549	7.864	2 790.9	1 938.5	2.842 8	3.68	5.92	15.651	1.99	1.21
210	19.077	9.593	2 796.4	1 898.3	2.987 7	3.87	4.86	15.995	1.67	1.24
220	23.198	11.62	2 799.7	1 856.4	3.149 7	4.07	4.00	16.338	1.41	1.26
230	27.976	14.00	2 801.8	1 811.6	3.331 0	4.30	3.32	16.701	1.19	1.29
240	33.478	16.76	2 802.2	1 764.7	3.536 6	4.54	2.76	17.073	1.02	1.33
250	39.776	19.99	2 805.6	1 714.4	3.772 3	4.84	2.31	17.446	0.873	1.36
260	46.943	23.73	2 796.4	1 661.3	4.047 0	5.18	1.94	17.848	0.752	1.40
270	55.058	28.10	2 789.7	1 604.8	4.373 5	5.55	1.63	18.280	0.651	1.44
280	64.202	33.19	2 780.5	1 543.7	4.767 5	6.00	1.37	18.750	0.565	1.49
290	74.461	39.16	2 767.5	1 477.5	5.252 8	6.55	1.15	19.270	0.492	1.54
300	85.927	46.19	2 751.1	1 405.9	5.863 2	7.22	0.96	19.839	0.430	1.61
310	98.700	54.54	2 730.2	1 327.6	6.650 3	8.06	0.80	20.691	0.380	1.71
320	112.89	64.60	2 703.2	1 241.0	7.721 7	8.65	0.62	21.691	0.336	1.94
330	128.63	76.99	2 670.3	1 043.8	9.361 3	9.61	0.48	23.093	0.300	2.24
340	146.05	92.76	2 626.0	1 030.8	12.210 8	10.70	0.34	24.692	0.266	2.82
350	165.35	113.6	2 567.8	895.6	17.150 4	11.90	0.22	26.594	0.234	3.83
360	186.75	144.1	2 485.3	721.4	25.116 2	13.70	0.14	29.193	0.203	5.34
370	210.54	201.1	2 342.9	452.0	76.915 7	16.60	0.04	33.989	0.169	15.7
374.15	221.20	315.5	2 107.2	0.0	∞	23.79	0.0	44.992	0.143	∞

参考文献

[1] 杨世铭,陶文铨.传热学[M].北京:高等教育出版社,2006.

[2] 陶文铨.数值传热学[M].西安:西安交通大学出版社,2001.

[3] 陈龙淼.复合材料身管热学性能研究[D].南京:南京理工大学,2007.

[4] 徐姣,吴立志,沈瑞琪,等.边界条件对激光点火性能的影响[J].中国激光,2010(2):418-423.

[5] 张领科,赵威,吴立志.AP/HTPB复合底排推进剂激光点火燃烧特性[J].中国激光,2013,40(8):1-5.

[6] 项仕标.激光点火原理与实践[M].郑州:黄河水利出版社,2004.

[7] 李杰.箭炮发射装药非稳态传热性能研究[D].南京:南京理工大学,2008.

[8] 郁圣杰.火炮发射过程中的身管热分析及其应用[D].南京:南京理工大学,2004.

[9] 王震.含能材料激光点火过程的模型建立及其数值计算[D].南京:南京理工大学,2004.

[10] 金志明,袁亚雄,宋明.现代内弹道学[M].北京:北京理工大学出版社,1992.

[11] 金志明.枪炮内弹道学[M].北京:北京理工大学出版社,2004.

[12] 周彦煌,张领科,陆春义,等.一种两相流点火模型及数值模拟[J].兵工学报,2010,31(4):414-418.

[13] 张领科,周彦煌,赵威,等.膛内高温燃气对底排药剂点火过程影响的数值分析[J].南京理工大学学报,2010,34(6):770-774.